Die Schleswig-Holsteinische

Landwirthschaft,

beschrieben

von

Alexander von Lengerke,

der schleswig-holsteinischen patriotischen Gesellschaft und des meklenburgischen patriotischen Vereins Mitgliede, Gutsbesitzer und praktischem Landwirthe.

Zweites Bändchen.

Berlin, 1826.
Gedruckt und verlegt
bei G. Reimer.

Vorwort

Bei Herausgabe dieses zweiten Bändchens meiner holsteinischen Landwirthschaft muß ich bemerken: daß das, was darin über Feldeintheilung und Fruchtfolge gesagt ist, aus des Herrn Doktor Tobiesen's Abhandlung über's Mergeln entlehnt worden. Derselbe hat jenen Gegenstand so klar und erschöpfend behandelt, daß meine Leser es mir Dank wissen werden, ihn benutzt zu haben.

Während der Abfassung dieser Blätter bin ich meklenburgischer Unterthan geworden, und der Antritt meines hier erkauften Gutes wird für's erste meine ganze Thätigkeit in Anspruch nehmen. Sobald sich mir aber die Muße wieder darbieten sollte, werde ich, vorausgesetzt, daß meine bisherigen Mittheilungen beifällig aufgenommen werden, die Landwirthschaften der mittlern Gegenden Holsteins, der holsteinischen Marschen und der Probstei Preetz, welche sämmtlich ihr Charakteristisches und zum Theil auch sehr Lehrreiches haben, in einem nachfolgenden dritten Bändchen abhandeln.

Geschrieben zu Wiesch, bei Wismar, im Junimond 1826.

Der Verfasser.

Inhalt.

Dreizehnter Abschnitt.

Vierzehnter Abschnitt.

Funfzehnter Abschnitt.

Sechszehnter Abschnitt.

Siebenzehnter Abschnitt.

Achtzehnter Abschnitt.

Neunzehnter Abschnitt.

Zwanzigster Abschnitt.

Anhang.

Eilfter

Eilfter Abschnitt.

Feldeintheilung, Fruchtfolge.

Das Eigenthümliche der holsteinischen Feldeintheilung ist schon in einem der vorhergehenden Abschnitte oberflächlich dargelegt worden. Es scheint indeß um so nöthiger, von dieser Wirthschaftsart noch einen deutlichern Begriff aufzustellen, als die Nachrichten, die man in Schriften über dieselbe findet, so irrig und schwankend sind *). Was Thaer (Anleitung zur Kenntniß der englischen Landwirthschaft S. 605—616) über die holsteinische Wirthschaft sagt, nimmt er in der Anmerkung zur Seite 616 zum Theil zurück, ohne etwas Wichtigeres und Besseres an dessen Stelle zu setzen. Er lobt nur im Allgemeinen die hohe und vortreffliche Ackerkultur Holsteins. Richtiger wäre es freilich gewesen zu sagen: im östlichen Holstein, oder auch allenfalls im westlichen Theile desselben, wenn man die Marsch mitrechnen will, denn in den mittlern Gegenden dieses Landes ist an vielen Orten der Ackerbau noch sehr zurück. Andere

*) Schriften der Schleswig-Holsteinischen patriotischen Gesellschaft, 1. Heft, S. 139 u. f.

Schriftsteller äußern sich über Koppel- und Wechselwirthschaf auf eine Weise, welche glauben läßt, daß sie Weide- ode Dreeschkoppeln mit der Braache verwechseln, wenigstens drük ken sie sich auf eine dunkle Weise darüber aus. Der Ver fasser einer Abhandlung von den Vortheilen der Kop pelwirthschaft sagt, nachdem er eine ziemlich richtige Er klärung dieser Bewirthschaftungsart gegeben hat: es ha diese Gewohnheit, den Acker von Zeit zu Zeit ruhen zu lassen, mit dem bei uns an vielen Orte gewöhnlichen Dreesch sehr viel gemein. (Sie ha aber damit nicht nur vieles gemein, sondern ist offenbar damit einerlei.) An andern Orten hingegen ist de Gebrauch, ihn nur ein Jahr braach liegen zu lassen, welche letztere Gewohnheit aber von de Koppelwirthschaft schon mehr abweicht, da di einjährige Dauer sowohl in Absicht der Ruhe als auch der Vertilgung des Unkrauts zu kurz ist, als daß der Acker davon Vortheile haben sollte. Hier scheint es, daß der Verfasser Dreesch und Braache verwechsele, und letztere unverträglich mit der Wechselwirthschaft oder Koppelwirthschaft halte, da doch beide in dieser Art der Bewirthschaftung neben einander bestehen, indeß sehr unterschieden sind und sehr verschiedene Zwecke haben. Zu dieser Verwechselung scheint der Umstand die Veranlassung gegeben zu haben, daß in der Dreifelderwirthschaft — die ehemals allgemein bekanntesten, auch hin und wieder noch üblichen, aber auch unter allen der verderblichsten Bewirthschaftungsart — die Braache zugleich mit als Weide benutzt wird, wenn es gleich sonst noch besondere Weidekoppeln in dieser Wirthschaft giebt, die fortwährend nur als solche dienen. In der Wechselwirthschaft ist aber Braache vom Dreesche wesentlich verschieden, so wie beide neben einander sehr gut bestehen. Braache ist nämlich die den ganzen Sommer hindurch fortgesetzte fleißige Beackerung des Feldes, ohne etwas darauf zu säen. Dreesch oder Weide aber ist derjenige Zustand des Feldes, wo es statt Korn Gras trägt, welches vom hinaufgejagten Vieh abgefressen wird. Der Zweck der erstern ist, die Koppel, die älteste in der Weide, welche nur aus der Weide unter den Pflug genommen wird, durch fleißiges Pflügen zum Kornbau vorzubereiten, und zu dem Ende den Graswuchs gänzlich auf derselben zu zerstören. Die Braache geht demnach vor dem Kornbau her, und die gebraachte Koppel wird nicht geweidet. Die Absicht des Dreesches ist, diejenigen Koppeln, welche bisher mehrere Jahre hinter einander Korn getragen haben, nur zur Viehweide zu benutzen, und sie auf die Weise durch diese Abwechselung vom erschöpfenden Kornbau sich erholen zu lassen. Krünitz in seiner Encyklopädie, Art. Koppelwirthschaft, sagt: sie verbindet Gras und Ackerbau in dem Maaße, daß die Hälfte der Einkünfte aus dem Viehstande, die andere Hälfte aber aus dem Akkerbaue genommen wird. Man sucht dadurch den Boden durch Ruhe, da man ihn zur Viehweide macht, durch Braachen und Dünger zugleich zu verbessern. Hier könnte mancher ununterrichtete Leser ebenfalls zur Verwechselung der Braache mit dem Dreesche verleitet werden. Thaer gesteht, daß die Engländer, so wie die deutschen Oekonomen, einen schwankenden Begriff mit dem Worte Braache verbanden, und daß dieser zur Verlängerung des Streites über die Entbehrlichkeit oder Unentbehrlichkeit der Braache vieles beigetragen habe.

Ohne mich hier in diesen Streit im Allgemeinen einzulassen, worüber ich den Leser auf Thaer's Anleitung zur Kenntniß der englischen Landwirthschaft S. 231 verweisen will, wo er das pro und contra der Vertheidiger und Gegner der Braache abgehandelt findet, will ich mich hier begnügen, die Gründe anzuführen, welche der Haltung der Braache auf großen Gütern im Schleswig-Holsteinischen, zumal wenn sie einen festen Thon- oder Lehmboden haben, das Wort reden.

Diese Gründe sind folgende:

1) Das Gedeihen des Winterkorns in diesen Gegenden hängt hauptsächlich davon ab, daß dasselbe frühzeitig, am besten vor Michaelis, bei trockner Witterung in die Erde komme, welches aber nicht gut möglich ist, wenn die Braachfrüchte, z. B. Buchweitzen, Erbsen, Kartoffeln u. dergl. erst vom Felde geschafft, und dann vielleicht gar erst Dünger aufs Land gebracht werden soll. Nach Beendigung dieser Arbeiten, die ziemliche Zeit erfordern, fällt oftmals in hiesigen Gegenden sehr veränderliche und nasse Witterung ein, von der eine späte und schlechte Bestellung der Wintersaat, und von dieser wiederum eine mittelmäßige Ernte die unmittelbare Folge ist.

2) Wie schon erwähnt, macht die nach der Buchweitzenernte nicht selten erfolgende Witterung das Düngerfahren oft mißlich und zuweilen gar unmöglich. Obwohl nun deshalb der Landmann oftmals schon im Laufe des Winters seinen Dünger auf diejenige Koppel bringt, die im folgenden Herbste Winterfrucht tragen soll, und in einer sogenannten Mite oder einem großen mit Stroh bedeckten Düngerhaufen den Sommer über auf der Koppel liegen läßt, so ist gleichwohl der Winter ebenfalls nicht selten von der Beschaffenheit, daß er das Auffahren des Düngers der in nassen Wintern

oft tiefen Wege wegen nicht erlaubt, zudem bleibt auf die Art der spätere Dünger immer noch auf dem Hofe, und das Ausfahren dieses und das Auseinanderfahren jenes Düngers würde im Herbste dem Landmanne noch immer zu viel Zeit rauben.

3) Die Braache macht eine weit sorgfältigere Bearbeitung des Landes möglich, als sonst geschehen könnte. Zumal läßt sich ein compacter fester Lehmboden ohne wiederholtes Sommerpflügen und Eggen bei trockener Witterung nicht genugsam mürbe machen.

4) Der Buchweitzen, welchen man, wenn keine Braache gehalten wird, in den Braachschlag säet, mißräth in einem Boden, der hauptsächlich der Braache bedarf, nur zu oft, und hinterläßt alsdann das Land in einer für die nachfolgende Winterfrucht ungünstigen Qualität.

5) Der Landmann hält dafür, daß der durch Haltung der Braache ihm entstehende Verlust an Korn und Stroh, weil er nämlich eine Sommerfrucht weniger erntet, ihn durch den höheren Ertrag der nachfolgenden Saaten reichlich ersetzt werde.

6) Wo auf großen Gütern noch fortwährend gemergelt wird, da ist die Braache unentbehrlich: denn wie viele Zeit erfordert nicht die Bemergelung einer Koppel von 40, 50, 60, 70 Tonnen. In welcher Jahrszeit könnte diese weitläuftige Arbeit wohl besser vorgenommen werden, als im Vorsommer nach bestellter Sommersaat? —

Dies sind die Gründe, welche für die Haltung der Braache auf großen Gütern reden, zumal wenn diese einen schwer zu bearbeitenden Boden haben. Der Begriff der Ruhe, den viele Schriftsteller mit Braache verbinden, ist wenigstens auf die holsteinische Braache nicht anwendbar. Denn der hiesige

Landmann nimmt die zu braachende Koppel aus dem Stande der Ruhe (wenn man nämlich Weide Ruhe nennen will, welches sie gewissermaaßen auch ist, oder wenigstens durch eine Erholung oder Abwechselung vom Kornbau zu nennen ist), nicht um sie noch einmal oder noch besser ausruhen zu lassen, sondern um den Boden der Koppel, der vorher zum Grasbau oder zur Weide benutzt ist, nur zum Korntragen geschickt zu machen, d. h. den Graswuchs auf demselben völlig zu zerstören, den Boden locker und mürbe zu machen, Dünger und Mergel aufzubringen, diese innig mit der Ackerkrume zu vermischen, und ihr dadurch neue Fruchtbarkeit mitzutheilen. Graswuchs und Kornbau sind als entgegengesetzte Größen zu betrachten, deren eine die andere ganz oder zum Theil aufhebt; soll das Land gute Kornernten gewähren, so muß zuvor durch mehrmaliges Pflügen und Eggen aller Graswuchs in demselben getödtet werden, und dieses ist nebst den andern oben angeführten Zwecken der Hauptzweck der Braache. Da man auf kleineren Landstellen diese Zwecke oftmals auch ohne Braache erreichen kann, so fällt sie hier weg, und es wird alsdann eine Sommerfrucht mehr geerntet. Um das ausgetragene Land wiederum für den Grasbau geschickt zu machen, wird bei der letzten Saat das Land nicht zu sehr aufgelockert, und Kleesaamen hinein gesäet.

Diesen Zweck der Braache, wenigstens der im Holsteinischen üblichen Braache — nicht also den, das Land ruhen zu lassen, denn der Ruhe bedarf es meiner Meinung nach gar nicht, wohl aber einer angemessenen, naturgemäßen Fruchtfolge, und einer Abwechselung zwischen Korn- und Grasbau — recht ins Auge fassend, wird man den Streit über die Nothwendigkeit oder Entbehrlichkeit der Braache, der sich immer um den falschen Begriff einer dem Acker nothwendigen

Ruhe drehet, größtentheils überflüssig finden. Könnte der größere holsteinische Landwirth eben so gut, wie der kleinere Landmann, die Zwecke, warum er braachet, ohne Braache erreichen, so würde er gern eine Sommerfrucht mehr ernten wollen, und dem Lande keine irriger Weise sogenannte Ruhe vor der Arbeit, d. h. vor dem Kornbau verstatten.

Das Wesen der schleswig-holsteinischen Koppelwirthschaft besteht nach dem oben von mir aufgestellten Begriff nicht allein darin, daß 1) jede der zu einem Gute oder Hofe gehörenden Koppeln nach und nach aus der Weide unter den Pflug genommen wird, und so wie jede derselben ausgetragen hat, wieder in die Weide übergeht, sondern 2) auch noch darin, daß auf jeder der zum Kornbau bestimmten Koppeln alljährlich mit den zu produzirenden Früchten auf eine dem Boden angemessene Weise gewechselt wird. Nachfolgende Tabelle zeigt den Fruchtwechsel einer Koppelwirthschaft von 10 Schlägen, und wie alljährlich die älteste Weidekoppel zur Vorbereitung auf den nun folgenden Kornbau in die Braache, und wiederum die älteste der korntragenden Koppeln in die Weide übergeht, nachdem er zuvor zur schnelleren Beförderung des Graswuchses mit Kleesaamen besäet worden.

Schema einer zehnschlägigen

	Koppel A	Koppel B	Koppel C	Koppel D	Koppel E
Erstes Jahr	Braache.	Weitzen oder Rocken.	Gerste.	Hafer.	Hafer mit Klee.
Zweites Jahr.	Weitzen oder Rocken.	Gerste	Hafer.	Hafer mit Klee.	Klee zum Mähen.
Drittes Jahr.	Gerste.	Hafer.	Hafer mit Klee.	Klee zum Mähen.	Weide, 1 Jahr alt.
Viertes Jahr.	Hafer.	Hafer mit Klee.	Klee zum Mähen.	Weide, 1 Jahr alt.	Weide, 2 Jahre alt.
Fünftes Jahr.	Hafer mit Klee.	- Klee zum Mähen.	Weide, 1 Jahr alt.	Weide, 2 Jahre alt.	Weide, 3 Jahre alt.
Sechstes Jahr.	Klee zum Mähen.	Weide, 1 Jahr alt.	Weide, 2 Jahre alt.	Weide, 3 Jahre alt.	Weide, 4 Jahre alt.
Siebentes Jahr.	Weide, 1 Jahr alt.	Weide, 2 Jahre alt.	Weide, 3 Jahre alt.	Weide, 4 Jahre alt.	Braache.
Achtes Jahr.	Weide, 2 Jahre alt.	Weide, 3 Jahre alt.	Weide, 4 Jahre alt.	Braache.	Weitzen oder Rocken.
Neuntes Jahr.	Weide, 3 Jahre alt.	Weide, 4 Jahre alt.	Braache.	Weitzen oder Rocken.	Gerste.
Zehntes Jahr.	Weide, 4 Jahre alt.	Braache.	Weitzen oder Rocken.	Gerste	Hafer.

holsteinischen Koppelwirthschaft.

Koppel F	Koppel G	Koppel H	Koppel I	Koppel K
Klee zum Mähen.	Weide, 1 Jahr alt.	Weide, 2 Jahre alt.	Weide, 3 Jahre alt.	Weide, 4 Jahre alt.
Weide, 1 Jahr alt.	Weide, 2 Jahre alt.	Weide, 3 Jahre alt.	Weide, 4 Jahre alt.	Braache.
Weide, 2 Jahre alt.	Weide, 3 Jahre alt.	Weide, 4 Jahre alt.	Braache.	Weitzen oder Rocken.
Weide, 3 Jahre alt.	Weide, 4 Jahre alt.	Braache.	Weitzen oder Rocken.	Gerste.
Weide, 4 Jahre alt.	Braache.	Weitzen oder Rocken.	Gerste.	Hafer.
Braache.	Weitzen oder Rocken.	Gerste.	Hafer.	Hafer mit Klee.
Weitzen oder Rocken.	Gerste.	Hafer.	Hafer mit Klee.	Klee zum Mähen.
Gerste.	Hafer.	Hafer mit Klee.	Klee zum Mähen.	Weide, 1 Jahr alt.
Hafer.	Hafer mit Klee.	Klee zum Mähen.	Weide, 1 Jahr alt.	Weide, 2 Jahre alt.
Hafer mit Klee.	Klee zum Mähen.	Weide, 1 Jahr alt.	Weide, 2 Jahre alt.	Weide, 3 Jahre alt.

Die Koppel A ist im ersten Jahre braache; im zweiten Jahre trägt sie alsdann Winterkorn; im dritten Jahre Gerste; im vierten Jahre Hafer; im fünften Jahre Hafer mit Klee, im sechsten Jahre Klee zum Mähen, worauf sie 4 Jahre als Weide dient. Wenn die Weidekoppel 4 Jahr alt ist, geht sie im eilften Jahre wieder in die Braache über, und dergestalt wechseln in einem Zeitraume von 10 Jahren bei 10 Schlägen Gras= und Kornwuchs auf jeder Koppel, so wie auch jede Koppel alljährlich eine andere Frucht trägt.

Außer diesen 10 Hauptschlägen giebt es in der Koppelwirthschaft oftmals noch einige Nebenschläge, welche aus kleinen, von den Hauptschlägen getrennten Ackerstücken, oder aus Pflugland in Wiesen bestehen, und zu diesem oder jenem der Hauptschläge genommen, und zugleich mit diesen bewirthschaftet werden, damit alle Schläge ungefähr gleichen Flächenraum bekommen.

Die Anzahl der Hauptschläge hängt wesentlich von der im Lande üblichen Fruchtfolge, zufällig aber von der Figur und Lage des zu einem Hofe gehörenden und in Schlägen zu bewirthschaftenden Gesammtfeldes ab, weshalb zuweilen 11 oder 12 Schläge bequemer als 10 für den Landmann werden. In solchem Falle nimmt man eine Koppel mehr in die Weide, und besäet wohl dann und wann zwei mit Winterkorn, so daß im Ganzen der Fruchtwechsel doch der nämliche bleibt.

Die in der Tabelle aufgestellte Fruchtfolge ist die bekannteste und üblichste in Holstein. Einige Landwirthe, besonders Besitzer kleinerer Landstellen, haben folgende eingeführt: erstes Jahr Buchweitzen; zweites Jahr Rocken; drittes Jahr Gerste; viertes Jahr Hafer; fünftes Jahr Hafer mit

Klee; sechstes Jahr Klee zum Mähen; worauf alsdann die Koppel in die Weide geht, und 4 Jahre als solche benutzt wird. Andere wirthschaften nach folgendem Umsatze: bedüngte und bemergelte Braache oder auch Buchweitzen, Rocken, Gerste, Hafer mit Klee, 5 Jahre in der Weide. Wieder andere ziehen folgenden Fruchtwechsel vor: halb bedüngte und bemergelte Braache, Weitzen, Gerste, Hafer, Rocken, wozu abermals halb gedüngt wird, mit Klee, Klee zum Mähen, 4 Jahr Weidekoppel. An dieser Wirthschaftsart lobt man, daß durch den später ins Land gebrachten Dünger Klee- und Graswuchs sehr befördert werden. Besitzer solcher Landgüter, denen es an hinreichendem oder gutem Heufutter fehlt, pflegen zur Erzielung einer größeren Quantität Klee dieser Wirthschaftsweise zu folgen.

Hier ist nun wohl die Untersuchung der Frage an ihrem rechten Orte: Worin unterscheidet sich die englische Wechselwirthschaft von der holsteinischen Wechselwirthschaft, und diese wieder von der meklenburgischen Wirthschaftsweise?

Das Eigenthümliche der englischen Landwirthschaft besteht darin, daß niemals zwei Halmtragende Getreide unmittelbar auf einander folgen, sondern zwischen beide immer eine Hülsenfrucht oder ein Futterkraut eingeschoben wird. Der Norfolker wirthschaftet gemeiniglich in sechs Feldern nach folgender Ordnung:

1) Rüben, nach fünfmaligem Pflügen, stark gedüngt.

2) Gerste, mit untergesäetem Klee- und Raygrassaamen.

3) Klee, einmal geschnitten, einmal wenigstens halb abgeweidet.

4) Raygras zur Weide.

5) Weitzen.

6) Gerste.

In der Grafschaft Kent und auf der Insel Thanes wird der dortige Kleyboden immerwährend als Ackerland genutzt, welches man eine runde Bestellung nennt, indessen fangen seit Einführung des Klees die Vernünftigern nach folgendem Umsatze zu wirthschaften an:

1) Bohnen. 2) Gerste. 3) Klee. 4) Weitzen.

Diese Wirthschaften haben ihr eigenes Gras- und Weideland, welches nicht beackert werden kann: sie sind daher nicht zu den systematischen Ackerwirthschaften zu rechnen, und als Ausnahmen von der Regel zu betrachten.

Die englische Wirthschaft gleicht also zwar darin der Wechselwirthschaft, daß sie gleich dieser ohngefähr die Hälfte des Landes unter dem Pfluge hält, die andere Hälfte aber als Grasland oder Weide benutzet, und so wie von diesem ein Theil umgebrochen wird, einen Theil von jenem dagegen wieder niederlegt, aber sie unterscheidet sich darin wesentlich von der holsteinischen oder meklenburgischen Wirthschaft, daß sie, wie schon erinnert, niemals zwei Kornarten hinter einander säet, sondern immer Klee, Erbsen, Bohnen u. s. w. einschiebt.

Der Modifikationen oder Abwechselungen in der Fruchtfolge der englischen Landwirthschaft sind sehr viele, deren ich hier nur einige anführen will.

1) Hafer in die umgebrochene Narbe; 2) Bohnen, stark bedüngt; 3) Gerste; 4) Klee; 5) Weitzen; 6) Erbsen; 7) Gerste mit Klee.

Oder: 1) Wicken; 2) Rapssaat; 3) Weitzen; 4) Bohnen; 5) Gerste; 6) Klee mit Grassaamen.

Oder: 1) Kohl, wozu mehrere Male gepflügt und stark gedüngt ist; 2) Weitzen; 3) Bohnen, behackt; 4) Gerste; 5) Klee; 6) Weitzen; 7) Hafer mit Grassaamen.

Oder: 1) Hafer; 2) Rüben; 3) Gerste; 4) Klee; 5) Weitzen, 6) Erbsen oder Bohnen; 7) Gerste mit Grassaamen.

Man mag sich nun die Sache erklären wie man will, so sind folgende drei Punkte durch die Praxis der Landwirthschaft völlig ausgemachte Wahrheiten:

1) Alle Halmtragenden Getreidearten, welche erst nach völliger Reifung des Saamens geerntet werden, erschöpfen vorzüglich den Boden, und zwar je schwerer und mehlreicher sie sind, desto mehr erschöpfen sie denselben.

2) Jede Gewächsgattung erfordert zu ihrer Vegetation eigenthümliche Partikeln aus dem Boden, oder wenigstens ein besonderes Verhältniß derselben, weshalb ein Boden, wenn er eine Gewächsgattung nicht mehr zur Vollkommenheit bringen kann, dennoch im Stande ist, eine andere Gewächsgattung zur Reife zu bringen. Freilich ist hiermit noch wenig erklärt, aber es ist doch erlaubt, sich die Sache vorzustellen. Zwei Saaten einer und derselben Kornart, oder zwei Saaten nahe verwandter Kornarten, werden den Boden mehr entkräften, als wenn die auf einander folgenden Fruchtarten von sehr ungleicher Natur sind.

3) Die Reifung des Saamens der Pflanzen, besonders der Getreidearten, welche viel mehlige Substanz enthalten, erschöpfen sehr die Kraft des Bodens, dahingegen diejenigen Pflanzen, welche in ihrem grünen Zustande abgemähet oder abgehütet werden, bevor ihr Saame zur Reife gelangt, einen mindern Kraftaufwand des Bodens erfordern. In bloßer Erde und Wasser können sich Pflanzen bis zur Blüthe ausbilden, aber sie setzen keinen Saamen an.

Auf den beiden ersten Grundsätzen beruht die Eigenthümlichkeit der holsteinischen und meklenburgischen Wechselwirthschaft, daß in beiden nie dieselben Kornarten unmittelbar hinter einander gebauet werden, und auf allen dreien das Unterscheidende der englischen Landwirthschaft, welche nie zwei halmtragende Fruchtarten unmittelbar auf einander folgen, sondern jedes Mal eine grün abzuerntende oder abzuweidende Frucht zwischen treten läßt. Die möglich beste Art und Weise der Fruchtfolge richtet sich dann nur insbesondere nach der Grundbeschaffenheit des jedesmaligen Bodens.

Auf sehr starkem Boden hat man eine beständige Abwechselung zwischen Bohnen und Weitzen sehr bewährt gefunden bei folgender Fruchtfolge:

1) Kohl, behackt; 2) Gerste; 3) Klee; 4) Weitzen; 5) Bohnen; 6) Weitzen.

Bei weniger starkem Boden wählte man folgende Ordnung:

1) Bohnen; 2) Gerste; 3) Klee; 4) Weitzen; 5) Erbsen; 6) Hafer; 7) Kartoffeln; 8) Gerste.

Herr Thaer, aus dessen vortrefflichem Werke: Anleitung zur Kenntniß der englischen Landwirthschaft, ersten Band, ich diese Nachrichten über die englische Landwirthschaft entlehne, führt Seite 240 von einem sehr berühmten englischen Landwirthe an, daß er ein Feld leichtern Bodens 21 Jahre nach einander ohne Düngung auf folgende Weise bestellt habe:

1) Gerste; 2) Klee; 3) Weitzen; 4) Turnips; 5) Hafer; 6) Bohnen; 7) Gerste; 8) Erbsen; 9) Weitzen; 10) Wikken; 11) Gerste; 12) Klee; 13) Weitzen; 14) Turnips; 15) Hafer; 16) Erbsen; 17) Weitzen; 18) Wicken; 19) Gerste; 20) Bohnen; 21) Weitzen.

In Rücksicht der Viehzucht unterscheidet sich noch die englische Wirthschaft merklich von jeder deutschen Wirthschaftsweise. Stallfütterung ist sogar im Winter daselbst nicht gebräuchlich, indem das Rindvieh selbst im Winter nicht in den Stall kommt. Kohl, Rüben und Heu werden entweder auf offenem Hofe verfuttert, oder das Vieh wird auf die Koppeln gebracht, und verzehrt die daselbst errichteten Heufiemen, welche mit einem Reckwerke umgeben sind, über welches jedes Mal so viel Heu geworfen wird, als das Vieh verzehren soll.

Es läßt sich aber wohl nicht läugnen, daß unsere Methode, das Vieh in warmen Ställen durchzuwintern, folgende Vorzüge habe:

1) Das Vieh leidet nicht so sehr durch Kälte und Nässe;

2) wird mit dem Futter sparsamer in Ställen umgegangen, wo vom Vieh nichts unter die Füße getreten und verunreinigt wird;

3) ist diese Fütterungsweise der Sammlung und Aufbewahrung des Düngers ungemein nachtheilig.

Der englische Farmer macht sich wenig aus Molkerei. Der Norfolker läßt Kuh und Kalb bei einander auf der Weide grasen, und dieses nach Gefallen an der Mutter saugen. Die Hauptsache sind die Mastochsen. Das Fleisch der in Norfolk selbst aufgezogenen Ochsen ist in London, sowohl seiner Zartheit als seiner wenigen Knochen wegen, vorzüglich geachtet. Auf den Anbau der Hülsenfrüchte — meliorating crops — verwenden die Engländer einen vorzüglichen Fleiß. Der Rüben-, Turnips-, Möhren- und Kartoffelbau ist bei ihnen sehr in Aufnahme. Die Kartoffeln werden zur Ochsenmastung, für's Milchvieh, zur Pferdefütterung, zur Schweinemastung u. s. w. benutzt.

Die meklenburgische Wirthschaft unterscheidet sich in mehreren, theils mehr, theils minder wesentlichen Punkten von der holsteinischen *), wenn sie gleich in ihren Hauptzweigen — dem Ackerbau und dem Holländereiwesen — einander ähnlich sind.

1) Kornbau und Grasung sind die Hauptgegenstände, sowohl des meklenburgischen als des holsteinischen Landwirths. Sämmtliche Aecker eines Guts in Meklenburg sind eben so wie im Holsteinischen in so viele gleiche Theile getheilt, als die örtliche Lage es verstattet. Diese Theile oder Schläge liegen aber ohne alle Befriedigung offen, statt daß sie im Holsteinischen durch lebendige Hecken eingehegt sind, und Koppeln genannt werden.

2) Die Bewirthschaftung von 7 Schlägen ist in Meklenburg am häufigsten und beliebtesten. Von diesen Schlägen wird dann einer gebraachet, einer mit Wintergetreide und zwei mit Sommerfrüchten bestellt; ein halber trägt Mähklee, und 2½ liegen in Weide. Einige meklenburgische Landleute wirthschaften auch in 6, 9 und 8 Schlägen, von welchen jedoch die 6schlägige Wirthschaft nur sparsam angetroffen wird.

3) Die meklenburgische Wirthschaft hat Binnen- und Außenschläge, welche Eintheilung Holstein nicht kennt; diese sind die entferntern, und werden gewöhnlich stiefmütterlich behandelt.

4) Zur Bearbeitung des Ackers bedient sich der Meklenburger, außer dem auch im Holsteinischen gebräuchlichen Pfluge und der Egge, noch des Hakens, der unseren Landleuten unbekannt und auch entbehrlich ist, weil er da, wo Lokalitäten

*) Ueber den Unterschied der holsteinischen und meklenburgischen Landwirthschaft, von J. D. Martens. Neue schleswig-holsteinische Provinzialberichte 1815. Erstes, zweites, viertes u. s. w. Heft.

ten dem Quer- und Schrägeackern im Wege stehen, wie meistentheils auf unsern mit Braachgräben durchschnittenen Koppeln der Fall ist, nicht anwendbar ist.

5) Um den Acker mit dem zu versehen, was die eigentliche Nahrung der Vegetabilien im reichlichsten Maaße enthält, bedient man sich in Meklenburg und Holstein vorzüglich der thierischen Excremente, und zwar hauptsächlich der von Pferden, Hornvieh, Schaafen und Schweinen, welche, mit eingestreutem Strohe vermischt, an eigens dazu bestimmten Orten, in den Mistgruben, bis zur Abführung aufbewahrt werden. Der Vermehrung und Verbesserung des Düngers widmet man in beiden Ländern zu wenig Aufmerksamkeit. Die Mistgruben sind meistens von der Art, daß der in ihnen angehäufte Dünger bald dem Ausdorren, bald der Nässe zu sehr ausgesetzt ist. Viele sonst einsichtsvolle Landleute lassen ihn zu allen Zeiten von ihren Schweinen durchwühlen, glauben sich dadurch in Absicht der wohlfeileren Erhaltung derselben einen großen Vortheil zu machen, und erwägen nicht, daß sie an ihrem Dünger ungleich mehr verlieren; denn indem er stets von diesen Thieren umgebrochen, dem Zugange der Luft zu sehr ausgesetzt wird, und in ungleichen Haufen zu liegen kommt, wird er in der ihm so nöthigen Gährung behindert, ohne welche er nie zu einer schmierigen, butterähnlichen Masse zergehen kann, die doch jeder schätzt (?), auch schimmelt er leichter. Die Jauche fließt häufig ungenutzt ab, und wird nur in den seltnen Fällen, wo das Lokal es vorzüglich begünstigt, zuweilen über angrenzende Wiesen geleitet. Nirgends beinahe findet man von Bohlen oder Steinen ausgesetzte besondere Gruben, um sie darin aufzufangen, dann entweder erforderlichen Falls zur Anfeuchtung des Düngers anzuwenden, oder auf Wiesen und Aecker zu führen, oder

auch vermittelst hinein geschütteten Strohs, Laubes, Erde u. s. w. zur Vermehrung des gewöhnlichen Düngervorraths zu benutzen. Statt dessen ist es nichts Ungewöhnliches, den Mist zum Theil auf dem ganzen Hofe zerstreut, und so viele Haufen davon zu finden, als es Ställe giebt, in denen Vieh steht, da doch eine Vermischung der verschiedenen Gattungen ohnstreitig am besten ist, es wäre denn, daß man eine jede mit Rücksicht auf ihre verschiedenen Eigenschaften, für eine diesen gemäße Bestimmung separirte, woran aber wohl selten gedacht wird.

6) Um die im Acker vorhandenen und ihm zugeführten Substanzen, welche den Vegetabilien zur Nahrung dienen, für diejenigen Gewächse, welche man zu produziren denkt, wirksamer zu machen, bediente man sich in Meklenburg wie in Holstein des Mergels mit einem auffallend guten Erfolg. Machte der Holsteiner von dem Mergel auch früher Gebrauch wie sein Nachbar in Meklenburg: so hat dieser sich doch sehr beeilt, das versäumte mit energischer Thätigkeit nachzuholen. Das Verfahren dabei ist dem in Holstein völlig gleich. Die Wirkung davon dürfte aber für Holstein nachhaltiger wie für Meklenburg seyn, weil solches von jeher — in ältern Zeiten mehr noch als jetzt — seine Aecker länger ruhen oder zur Grasung liegen ließ, mehreres und besser genährtes Vieh hielt, im Ganzen genommen mehr Wiesenwachs hatte, im Durchschnitte mit dem gesammten Düngervorrath eine kleinere Fläche düngte, und — früher weniger als gegenwärtig — seine Aecker minder sorgfältig bearbeitete. Alles dieses hat schon seit Jahren dazu beigetragen, daß sich im holsteinischen Acker eine größere Menge der den Pflanzen zur Nahrung dienenden Stoffe anhäufen konnte, die nun, durch den Gebrauch des Mergels und eine sorgfältigere Beackerung wirksamer ge-

macht, einen zum Theil schon für den Augenblick größern Erfolg gewähren, einen nachhaltigern aber erwarten lassen.

7) Die Verbesserung des Ackers durch Moder ward ehedem im Meklenburgischen noch häufiger angewandt als in Holstein. Der Mergel hat ihn bis jetzt in beiden Ländern aus dem Gebrauch gebracht, entweder weil der Moder rechter Art durch den früher häufigen Gebrauch wirklich zu selten geworden ist, oder weil die Wirkung des Mergels schneller, sicherer und auffallender befunden worden, oder auch weil die Anwendung des letzten minder schwierig und kostbar ist wie vom erstern. Durch Moder bereichert man indessen den Acker mit denjenigen Stoffen, welche die Pflanzen nähren, der Mergel hingegen enthält keine dergleichen, sondern bewirkt nur, daß die im Acker befindlichen den Gewächsen schneller, und in einem vorzüglichen Maaße zu Gute kommen, mithin verdient der Moder rechter Art, wo er sich findet, nach wie vor gewürdigt zu werden *).

*) Eine weiter ausgeführte Parallele zwischen der holsteinischen und meklenburgischen Wirthschaftsweise findet man in meinen kürzlich bei Stiller in Rostock erschienenen „Beiträgen zur Kenntniß meklenburgischer Güterwirthschaften."

Zwölfter Abschnitt.
Cultur der verschiedenen Früchte und Gewächse.

Winterraps.

Der Winterraps wird in den Herzogthümern Schleswig und Holstein zum größten Theile auf einem Boden, welcher zum Weitzen geeignet ist, und einigen Thon und Kalk enthält, erbaut; das Gegentheil geschicht nur einzeln, und mit geringem Erfolge.

Den zum Winterraps bestimmten Acker bereitet man mehrentheils durch eine reine Braache auf's sorgfältigste zur Saat vor. Das erste Pflügen desselben — das sogenannte Dreeschpflügen — wird möglichst früh im Herbste vorgenommen. Der umsichtige und aufmerksame Landwirth sieht sehr darauf, daß die Grasnarbe in schmale dünne Furchen abgeschält werde, und diese insgesammt ganz platt an die Erde zu liegen kommen. — Während des Spätherbstes und des Winters wird das Abgraben des Landes beschafft. — Im Maimond des folgenden Jahres wendet man den Acker, und egget ihn, so weit es angehen will, fein. Diesem Geschäfte folgt bald die Auffuhr des Mistes, wovon in den meisten Fällen schon ein Theil während des Winters in eine Mite auf die Koppel gebracht worden.

Dieses Verfahren ist gewiß sehr lobenswerth und nachahmungswürdig, da, wie bekannt, das Zergehen des Stallmistes in einer solchen Mite sehr befördert wird, der Raps aber, wie Erfahrung bewiesen, leicht auflöslichen Dünger haben will. Wenn man den Mist unterbringt, wird der Pflug so tief, als es die Beschaffenheit des Untergrundes gestattet, gestellt. Allerdings haben wir Schleswig-Holsteiner es vermöge der Mergelung unserer Felder dahin gebracht, daß wir dermalen tiefer als vordem pflügen können, indeß dürfen wir der Behauptung des Herrn Iversen *), wornach wir unsern Pflug schon 6—7 Zoll tief stellen, nicht beipflichten. So viel uns bekannt ist, wird in den Herzogthümern gewöhnlich nur noch 4 Zoll, selten 5 Zoll tief gepflügt. Ein Anderes ist's im benachbarten Meklenburg; der dortige Ackerbauer hat nicht selten eine Krume von 6—7 Zoll. — Der Schleswig-Holsteiner nimmt sein Beackerungsgeschäft in feuchter Witterung nur nothgedrungen vor. Hat er Quecken in seinem Lande, (welches doch nur bei fehlerhafter Beackerung der Fall seyn kann; denn der Mergel — wie Herr Iversen schließt — ist wohl nicht Schuld an dem vermehrten Aufkommen dieses Unkrautes; jener macht, unserm Dafürhalten nach, das Land eher rein); so bedarf es noch ganz besonders der Wahrnehmung trockener Zeit zum Ackern. — Kann zwischendurch Pflug und Egge nicht immer schnell genug das Grünwerden der Braache verhindern: so wird sie allenfalls wohl mit Schaafen und Gänsen, die das darauf hervorsprießende Gras gern abnagen, abgeweidet. — Die Saatfurche wird Ende Juli oder in den ersten Tagen des Augustmonats gegeben.

Ueber die gehörige Quantität der Aussaat ist hier gar viel gestritten worden. Einige wollen den Winterraps ganz dünn gesäet wissen, andere wiederum mäßig dick. Gewiß ist

*) Siehe dessen Beiträge zur Kenntniß der schleswig-holsteinischen Landwirthschaft u. s. w. Augustenburg 1819.

es, daß man auch hier die Extreme zu vermeiden hat. Stehen die Pflanzen zu dick: so ist es natürlich, daß sie in ihrem Wachsthum gestört, und folglich, vermöge ihrer Schwächlichkeit, nicht gehörig durch den Winter kommen können; bei einer zu dünnen Aussaat hingegen kann man sich leicht wiederum auf andere Weise bedeutenden Schaden im Ertrage thun. Der Herr Iversen giebt an, daß der Schleswig-Holsteiner im Allgemeinen höchstens $2\frac{1}{2}$ Kannen Rapssaamen *) auf 1 Tonne Areal (240 Q.-Ruthen) aussäe; wir können indessen nicht umhin, hier zu versichern, die Mehrzahl oder wenigstens ein sehr großer Theil unserer umsichtsvollsten Rapsbauer säe doch auch dicker, und 3 bis $3\frac{1}{4}$ Kannen à Tonne.

Das Verpflanzen des Winterrapses ist bis dahin nur auf einzelnen Stellen angewandt. Man besetzt hier gewöhnlich nur die durch den Erdfloh verödeten Flecken seines Rapsfeldes, vermittelst des Pflanzstockes, wieder.

Sommerraps.

Der Anbau des Sommerrapses ist in Schleswig und Holstein nur unbedeutend; dieser ist wenigstens nur sehr einzeln in die Fruchtfolge bestimmt aufgenommen, und solchergestalt ist auch die Art seiner Bestellung sehr verschieden. Wir können hier indeß bemerken, daß diesem Gewächse mehrentheils da, wo man es anbaut, ein humusreicher Boden angewiesen, und die Beackerung desselben nicht weniger sorgfältig, als die Vorbereitung des Landes zum Winterrapse beschafft wird.

---

*) 64 Kannen gehen auf 1 Tonne.

Winterweitzen.

Der Weitzen wird auf den hiesigen Gütern entweder in die Braache oder nach dem Winterrapse gesäet. Man hält dieses Gewächs hier für die beste Vorfrucht des Weitzens, und wir glauben, daß man daran nichts weniger als Unrecht thut. Der Raps hinterläßt dem Weitzen nicht allein mehrentheils ein lockeres und gereinigtes Land, sondern auch einen reichhaltigen Boden, indem er vermöge des winterlichen Abfalles seiner Blätter und der Zurücklassung seiner Stoppeln der Krume eine kräftige, vegetabilische Düngung mittheilte. Ueberdies kann der Acker zum Weitzen, wenn ihm Raps vorangehet, welcher schon frühe geerntet wird, noch immer auf's Sorgfältigste zubereitet werden.

Hat man ein etwas kaltgrundiges, mooriges Weitzenland, so säet man hier gern von der braunen Sorte, und sucht so viel möglich dem meisten Weitzen immer das ihm zuträglichere, wärmere Land zuzutheilen.

Die Rapsstoppeln werden, gleich nach der Aberntung des Feldes, im Schleswig-Holsteinischen ohne Verzug untergepflügt. Man sucht sie so flach als möglich abzufelgen, egget sie demnächst klar, und pflügt ohngefähr 14 Tage nach Michaelis zur Saat.

An manchen Stellen säet man überjährigen Weitzen aus. Mir will bedünken, der in der Regel bessere Ertrag desselben entstehe daraus, daß er gewöhnlich einen dünnern Stand, wie unsere Saat von neuem Weitzen hat *). Denn im All-

*) Bekanntlich läuft ein nicht unbedeutender Theil der ausgesäeten überjährigen Weitzenkörner nicht auf. Man säet hier gewöhnlich den alten Weitzen um $\frac{1}{5}$ dichter als den neuen. Bei Befolgung dieser Maxime kommt jener aber doch meistens immer noch dünner als dieser zu stehen. Mehrere von mir gemachte Topf

gemeinen dürfte unser Landmann seinen Weitzen wohl zu dick säen; er rechnet nämlich auf 240 bis 260 Q.=Ruthen eine Tonne hiesigen Weitzen. Nach meinem unmaßgeblichen Dafürhalten rauben bei der Größe dieser Aussaat die zahlreichen Pflanzen einander die Nahrung, indem sie in unserer nichts weniger als tiefen Krume mit ihren Wurzeln nicht genugsam Raum in der Tiefe finden, und diese sich netzförmig in einander schlingen. Die Furcht unseres Landmanns bei einer dünnen Aussaat des Weitzens das Wachsthum des Unkrautes zu sehr zu befördern, möchte im Allgemeinen unnöthig seyn; wenigstens ist ein großer Theil unseres Weitzenbodens so kräftig, daß das Aufkommen der Pflanzen und die starke Bestaudung derselben, wenn anders bei Bestellung der Saat alles zu Beobachtende gehörig wahrgenommen wird, geringem Zweifel unterliegt. Ein sich stark bestaudender Weitzen aber, eine nachmals kräftig emporschießende Frucht, unterdrückt das Unkraut viel leichter, als eine dicht ausgestreuete Saat.

Hinsichtlich der Reinheit des Saatkorns bleibt hier leider noch immer Vieles zu wünschen übrig. Obgleich mancher Schleswig=Holsteiner den öftern Wechsel seines Saatkorns nicht versäumt, unter andern meine Gewerbsgenossen in hiesiger Gegend, Oldenburger Saat, die Marschbauern meistens Nordstrander Weitzen beziehen u. s. w.; so achtet man doch nicht hinlänglich auf die Säuberung dieses oft verfälschten Getreides von Unkräutern jeglicher Art, und beruhigt sich schon einzig mit dem Bewußtseyn, fremdes Saatkorn in den Acker gebracht zu haben, es sey dies nun auch, welcher

versuche ergaben das Resultat, daß, je nachdem der Weitzen von besserer oder minderer Güte ist, $\frac{1}{4}$ bis $\frac{3}{8}$ Theile der Körner ihre Keimkraft verlieren.

Art es wolle. Wunder nehmen kann es daher schon mit Berücksichtigung des hier Gesagten nicht, wenn wir versichern, daß hier an vielen Stellen noch in auffallender Menge verderbliche Unkräuter mancherlei Art wuchern.

Es wird hier zwar das Saatkorn vom Weitzen zur Verhütung des Brandes mit gar mancherlei Dingen eingebeitzt; indessen dürfen wir, als des vornämlichsten Beitzmittels hiesiger Gegend, des sogenannten Blausteins Erwähnung thun. Die Erfahrung scheint zu beweisen, daß dasselbe probat ist — wenigstens ist mir noch kein Beispiel bekannt, daß eine mit diesem Mittel eingebeitzte Saat brandig wurde — und nicht wenige Landwirthe bauen mit wahrem Felsenglauben auf dessen Unfehlbarkeit. Zur gehörigen Einbeitzung einer Tonne Weitzen bedarf es ½ Pfund Blaustein und 3—4 Kannen Wasser. Ein Theil hiesiger Landwirthe sucht sich auch durch die Aussaat überjährigen Weitzens vor dem Brande zu bewahren.

Der Weitzen wird durch starkes Rundeggen möglichst tief untergebracht. Das flache Unterpflügen, welches Thaer in einem gehörig gelockerten und nicht zu nassem Acker, selbst auf eigentlichem Weitzenboden für unbedenklich hält, und auf mehr sandigerm Boden empfiehlt, geschieht in Schleswig und Holstein gar nicht.

So wie unsere umsichtigen Landwirthe während des Winters darauf halten, daß ihr Weitzenfeld immer möglichst frei von stagnirendem Wasser sey, wenden sie auch während der Vegetationsperiode zum Theil große Aufmerksamkeit auf diese Pflanze. Auf manchen Stellen werden im Frühjahre die Erdklöße, welche auf dem Weitzenacker liegen, bei guter, sonniger Witterung durch starkes Rundeggen mit eisernen Eggen zertheilt, den Pflanzen dadurch eine Erfrischung gegeben, und außerdem, vermöge dieses Geschäftes, der so wohlthätige Bruch der Winterborke des Landes, wodurch die Krume wiederum gehöriger Weise der Atmosphäre ausgesetzt wird, beschafft.

Vom Verpflanzen des Weitzens sind mir im Schleswig-Holsteinischen nur sehr wenige Beispiele bekannt; jedoch sprächen diese wenigen zum größten Vortheile dieser Methode, wenn unsere landwirthschaftlichen Verhältnisse in manchem Betrachte von anderer Art wären. — Ich erinnere mich, daß der Ertrag von Weitzen, welcher auf einem Meierhofe Windebys, ohnweit Eckernförde im Schleswigschen (vordem dem Grafen Christian von Stolberg gehörig) verpflanzt worden war, ins Unglaubliche ging.

Einige Landwirthe, welche ihren Boden für sehr kraftvoll halten, lassen ihren Weitzen, wenn er ihnen zu geil gewachsen scheint, im Aprilmonat von Schaafen abhüten.

Vom Ausklären dieser Frucht kommt man hier immer mehr und mehr ab, da man inne wird, daß die hiesigen Kornkaufleute sich wenig oder gar nichts daraus machen, wenn der Weitzen mit einigen Rockenkörnern vermischt, die Klärung aber immer auf jeden Fall mit einigem Verlust verbunden ist. Nur aus jenem Cavelinge des Weitzenfeldes, welchen man Behuf des Saatkorngewinnes abzudreschen beabsichtigt, läßt man allenfalls die Rockenhalme auspeitschen.

Der Weitzen wird hier gewöhnlich vierzehn Tage später als der Rocken gemähet. Sein Ertrag variirt auf der Geest zwischen dem 10ten und 12ten Korne; doch ist ein höherer Ertrag in manchen Distrikten, insbesondere im östlichen Theile der Landschaft Angeln, nichts seltenes. In den Marschen drescht man das zwanzigste und mehrere Körner.

S o m m e r w e i t z e n wird hier nur sehr wenig angebaut.

Winterrocken.

Man bauet hier den Rocken mitunter auf sehr leichtem Boden. — Einige weisen ihm seinen Platz in die Braache an, oder säen ihn, wie z. B. mitunter in der Landschaft Angeln, nach Dreeschhafer oder Buchweitzen u. s. w.; andere lassen ihren Acker auch wieder mit diesem Winterkorn, dem sie eine sogenannte halbe Düngung geben, zur Weide ausliegen. Ein Theil der Rapsbauer bauet den Rocken nach dem Winterrapse; ein anderer, welcher seinem Boden die gehörige Kraft zutraut und einer Hafersaat verlustig gehen will, läßt ihn dem Weitzen folgen.

Mit der Saat des Rockens wird hier bei weitem weniger, als mit der des Weitzens gewechselt. Sie wird an den meisten Stellen schon vierzehn Tage vor Michaelis in die Erde gebracht. Man bedient sich zu diesem Geschäfte einzig der Eggen. Das Unterpflügen des Rockens ist mir in hiesiger Gegend nie vorgekommen. — Der Schleswig-Holsteiner rechnet auf 240 Q.-Ruthen Landes eine Tonne dieser Winterkornsaat. — Man verspricht sich hier ein üppiges Rockenfeld, wenn die Pflanzen um Maitag aus eine solche Länge haben, daß sich eine Krähe bequem darin verbergen kann. — Das Aufeggen des Rockens im Frühjahre findet hier nicht Statt. — Um Johannis bringt ihm der sogenannte Honigthau in hiesiger Gegend nicht selten bedeutenden Schaden. — Unsere umsichtigen Landwirthe befolgen bei der Mahd dieses Getreides mehrentheils des alten Cato verständige Regel: Oraculum esto, biduo citius quam biduo serius metere.

Der gewöhnliche Ertrag des Rockens beläuft sich auf 8—10 Körner; doch ist ein höherer Körnerertrag nichts Seltenes.

Sein Absatz ist auch hier sicherer wie der des Weitzens. Auf einigen unserer Höfe wird Rocken zur Grünfutterung der Pferde ausgesäet. Seine frühe Brauchbarkeit im Frühlinge macht ihn zu dieser Nutzung besonders geschickt.

Der Anbau des Sommerrockens ist hier eben so unbedeutend wie der des Sommerweitzens.

Gerste.

Die Gerste wird hier mehrentheils entweder nach Weitzen oder nach Rocken gebauet. Auf der Geest säet man gewöhnlich von der großen zweizeiligen Sorte; — die Wintergerste ist in den Marschen sehr gebräuchlich.

Auf unsern Gütern felget man die Stoppel des Wintergetreides zur Gerste im Herbste möglichst flach ab, und läßt diese bis zum Frühjahre in rauher Oberfläche liegen. Sodann aber wird der Acker, wenn er nur eben abgetrocknet ist, gewendet, wobei man den Pflug etwas tiefer als im Herbste stellt. Ist das Land geneigt, in Unkraut zu schlagen: so verschiebt man das demnächst folgende Eggen der Krume möglichst lange, um die Unkräuter desto wirksamer zu zerstören. — In einem nicht zu schweren Boden wird die Gerste hier meistentheils untergepflügt. Man säet dann in den ersten Tagen des Mais diese Sommersaat auf die glatt geeggte Furche. — Der Schleswig-Holsteiner rechnet auf 240 Q.-Ruthen Landes 1 Tonne Gerste Aussaat.

Allerdings egget man — wie der Herr Iversen am angeführten Orte schreibt — das Gerstenfeld hier, wenn die Saat gekeimet hat, auf; doch verschiebt der umsichtige Landwirth dieses Aufeggen, wenn sich viel Unkraut einstellt, gern so lange, bis die Saat völlig aufgegangen ist, und verrichtet es dann mit der gehörigen Behutsamkeit. Man egget hier dann Hafer und Gerste mit leichten hölzernen Eggen in der Runde auf, wenn beide schon die Länge eines Fingers erreicht haben, ohne im geringsten Schaden davon zu befürchten. Man hält es vielmehr von großem Nutzen, und gewiß auch kann es, bei Anwendung gehöriger Vorsicht, keine Nachtheile bringen; das kleine Unkraut aber, insonderheit der Hederich, wird dadurch zerstört.

Die zweizeilige Gerste lohnet hier im Durchschnitte 12 bis 14 Körner.

Hafer.

Der Anbau des gewöhnlichen glatten Hafers oder Märzhafers ist hier am häufigsten. Auf jedem Gute werden in der Regel alljährlich zwei Schläge mit diesem Sommerkorn bestellt. Man säet ihn meistentheils nach der Gerste. Die Consumtion des Hafers für die Pferde ist in unserm Lande vielleicht bedeutender als in mancher andern Provinz, da man hier zum größten Theile jedes von ihr verschiedene Futterungsmittel mehr oder minder unstatthaft hält.

Der Hafer wird hier auf dreierlei Arten bestellt. Nach der ersten pflügt man das Land ziemlich tief, säet den Hafer und egget ihn gut ein. Der also bestellte Hafer heißt Hartlandshafer. Nach der zweiten pflügt man das Land im Herbste möglichst flach, und läßt es den Winter über in rauher Oberfläche liegen. Im Frühlinge darauf egget man das Land, säet den Hafer, pflügt ihn unter, und egget ihn nach einiger Zeit auf. Den auf diese Art bestellten Hafer nennt man Kehrfurchshafer. Nach der dritten pflügt man das Land im Herbste ganz flach, läßt es den Winter über so liegen, pflügt es darauf im Frühlinge etwas tiefer, egget es, säet nun den Hafer und egget ihn nach einiger Zeit auf. Den dergestalt bestellten Hafer nennt man Falligbafer.

Eine vierte, wenig gebräuchliche Bestellungsart des Hafers ist die, da man bisher zur Weide gelegenes Land ziemlich tief umpflügt, nur den Hafer aussäet, und ihn darauf möglichst gut eineggt. Der so bestellte Hafer heißt Dreeschhafer. Macht man aber den Dreesch durch mehrmaliges wiederholtes Pflügen und Eggen mürbe, und säet dann Hafer darin, so heißt dieser Hafer Dreeschfallighafer.

Der schwarze Hafer wird hier nur auf ganz leichtem Boden gebauet. Herr Iversen sagt zwar: „er sey in der Marsch eingeführt," doch ist dies uns etwas Neues, und mag doch wohl nur in einem sehr kleinen Theile der Marsch der Fall seyn; auch wissen wir nicht, wie mit dieser Behauptung des Herrn Iversen die in seinem Werke gleich darauf folgende Phrase: „daß man die Hafersorte um so leichter nehme, je leichter der Boden sey, und umgekehrt," übereinstimmt!!

Die in unserm Sommerkorne, sowohl der Gerste als dem Hafer, vornemlich wuchernden Disteln, werden von unsern meisten Landwirthen nicht — wie Herr Iversen — berichtet — ausgejätet, sondern meistentheils mit einem sogenannten Distelstecher ausgestochen. Jenes wäre allerdings besser, wird indessen in der Regel aus Fahrlässigkeit unterlassen. Herr Iversen meint freilich: „es fehle uns an Menschenhänden, um unser Getreide nach dem Beispiele der Belgier zu jäten;" ob dies aber im Ganzen genommen, insbesondere in seinem Wohnorte — dem Lande Angeln — der Fall sey, scheint uns wenigstens zweifelhaft; allein — der belgische Fleiß fehlt. Die Angler sind in der Regel bequem und genußsüchtig.

Der Hafer giebt hier im Durchschnitt nur das 7—9te Korn. Sein Gewicht variirt zwischen 120—140 Pfunde.

Gemenge.

Auf einzelnen Stellen wird die eigentlich zur Braache bestimmte Koppel mit Gemenge bestellt. Es besteht dieses meistentheils aus Gerste, Hafer und Wicken. Nach zweimaligem Pflügen — der Herbstfelgung, dem im Frühlinge folgenden Botheggen, und der demnächst gegebenen Saatfurche — wird es möglich frühe eingesäet, und wenn die Haferähre aus dem Halme treten will, gemähet, trocken gemacht, und zur Winterfutterung des Milchviehes benutzt.

So empfehlungswürdig diese Prozedur unter Umständen ist: so wenig allgemein ist sie jedoch bisher im Großen angewandt. Einiges Mengfutter wird jedoch auf gar vielen Höfen gebauet. Von 240 Q.-Ruthen erntet man von benanntem Gemenge nicht selten 5—6 Fuder.

Erbsen.

Diese Hülsenfrucht wird in den Herzogthümern Schleswig und Holstein nur spärlich, gewöhnlich nur zum eigenen Bedarfe angebaut. In der ganzen umliegenden Gegend weiß ich keine Stelle, wo ihr ein bestimmter Platz in der Feldrotation eingeräumt worden ist. — Man bauet in der Regel die weißblühenden gelben Erbsen, und unterscheidet hier die frühreifenden von den spätreifenden. Beide Arten werden möglichst frühe im Frühlinge, sobald nur das Land gehörig abgetrocknet ist, gesäet. Meistentheils bestimmt man ihnen einen Acker im Sommerfelde. Daß dieser nicht zu mager und zu feucht sey, darauf richtet der umsichtige Landwirth bei der Auswahl desselben vornämlich sein Augenmerk.

Die Erbsen zu düngen ist in hiesiger Gegend nicht gebräuchlich, so wie denn auch das an einigen Orten so ersprießlich befundene Ducksen (mit Gyps bestreuen) bei ihnen nicht Statt findet. — Man bestellt sie meistentheils zweifurchig, solchergestalt, daß der Acker ein Mal vor Winter, und zum zweiten Male im Frühjahre, nachdem er vorher gut geegget worden, gepflügt wird. — Auf 240 Q.-Ruthen Landes wird gewöhnlich eine halbe Tonne Erbsen ausgesäet; daß diese Aussaat nach der Größe jener verhältnißmäßig moderirt oder verstärkt werde, versteht sich natürlich von selbst.

Das Eggen der Erbsen, wenn diese ihre Blätter entwikkelt haben, welche Methode Dullo sehr anempfiehlt, geschieht hier gar nicht; auch glauben wir, daß diese ihren Zweck — die Vertilgung des jungen Unkrauts — nicht recht erfüllen dürfte. Zweckmäßiger scheint es uns, die Erbsen, sobald sie gekeimt haben, unterzupflügen; wir können indeß diese unsere Meinung nicht als eine Erfahrungssache verfechten.

Auch unser Landwirth empfindet es, wie schwer es sey, den rechten Zeitpunkt bei der Ernte wahrzunehmen. Jedoch richtet er vornämlich sein Augenmerk auf die Reifung der untern Schoten. Sind diese zur Mahd gediehen, so macht er sich nichts aus dem Nachgrünen und Nachblühen seines Erbsenfeldes, sondern läßt es ungesäumt anhauen. — Die frühreifen Erbsen sind hier in der Regel mit dem Rocken zu gleicher Zeit reif; die spätreifen vier Wochen später.

Gut gerathene Erbsen geben hier das 10te bis 12te Korn. Ihr Preis steht in der Regel höher als der des Rockens.

Das Stroh wird meistentheils den Pferden gespendet. Auch erkennt man seine Zuträglichkeit für die Schaafe. Den Milchkühen reicht man es nur dann besonders gern, wenn es

vieles

vieles Unterfutter heget, weil es ihnen widrigenfalls kein liebes Gericht zu seyn scheint.

Feldbohnen.

Die Feldbohnen werden auf der Geest nur spärlich kultivirt. Da sie im Grunde eine so starke Düngung erheischen, oder einen sehr nahrhaften weichen Boden: so eignet ihr Anbau sich auch wohl mehr für unsere Marschen.

Der für Bohnen bestimmte Acker wird im Herbste gedüngt und gepflügt; so, daß er im Frühlinge ohne ein neues Pflügen kann besäet werden. Man trachtet, vornämlich auf schwerem Thonboden, dahin, die Bohnen so früh als möglich in den Acker zu bringen, damit sie da noch zeitig genug reif werden, um Weitzen nachsäen zu können.

Die Behandlung der Bohnen während ihres Wachsthumes hat hier nichts Unterscheidendes.

Buchweitzen.

Sehr bezeichnend wird diese Frucht auch das „Haidekorn" genannt; denn wahrlich! nur auf Haideboden gehört sie hin, und nirgends, wo der Acker noch kraftvoll genug ist, andere Gewächse zu tragen, sollte ihr ein Platz eingeräumt werden.

Leider hat man diese Wahrheit in den Herzogthümern nicht allenthalben, insbesondere in der Landschaft Angeln, keinesweges genügend erkannt, und sich dadurch großen Schaden zugezogen. Daß z. B. die Quecken — welche Herr Iversen durch den Mergel herbeigeführt glaubt — in Angeln mehr überhand genommen haben wie vorher, hat seinen Grund einzig in dem fortgesetzten Buchweitzenbau, von dem man sich nicht trennen konnte. Jetzt sieht man Gottlob! zum Theil die Nothwendigkeit es zu thun allmählig ein, und bei reiner, gehörig besorgter Braache werden die Quecken und deren Nester auch wohl verschwinden.

Der Buchweitzen ist hier — wie gesagt — bisher nicht allein auf leichtem, sondern auch sehr schwerem Boden nicht unbedeutend angebaut. Im Durchschnitte geräth er jedoch auf diesem nur alle sieben Jahre Ein Mal recht gut. — Er geht gewöhnlich dem Winterkorne in der Saatenfolge voran. Man säet ihn selten früher als gegen Ende des Maimonats aus, um ihn den Nachtfrösten nicht zu sehr auszusetzen. Auf 240 Q.-Ruthen Landes rechnet man in Holstein ½ Tonne Buchweitzensaat.

Daß man den Buchweitzen, wenn er vom Unkraute unterdrückt zu werden drohet, frühe genug umpflüge; darauf achten die wenigsten seiner Anbauer mit der gehörigen Sorgfalt. Nur zu oft lassen sie ihn, in der Hoffnung, daß er sich noch herausarbeiten könne, stehen, und verderben dadurch ihren Acker für lange Zeit aufs unverzeihlichste.

Der Ertrag des Buchweitzens ist hier eben so verschieden als sein Gedeihen. Man hat Beispiele, daß er sechs und dreißigfältig gegeben hat. — Das Korn findet hier an die sogenannten Grützmütter guten Absatz, so wie denn das Stroh als Futter für die Kühe besonders geschätzt wird.

Zu wünschen wäre es, daß die grüne Düngung mit Buchweitzen in unsern Landen gehörig bekannt und üblich würde. Leider aber müssen wir befürchten, daß dieser fromme Wunsch erst sehr spät in Erfüllung gehen werde. Man scheuet sich hier nur zu oft etwas Neues zu unternehmen, aus Furcht von seinen Nachbaren verlacht zu werden; ein großer Theil läßt sich noch am Gängelbande führen, und übt seinen eigenen Scharfsinn zu wenig. Nur Einzelne beginnen mit dieser oder jenen neuen bessern Einrichtung, bevor sie nicht ihren Nutzen in seinem ganzen Umfange seit einer Reihe von Jahren durch nahe liegende zahlreiche Beispiele kennen gelernt haben.

Nur hier und da habe ich in der hiesigen Gegend sibirischen Buchweitzen ausgesäet gefunden. Von seinen wenigen, mir bekannten Anbauern ist er mir gerühmt worden.

Lein.

Diese Pflanze wird in Schleswig und Holstein in der Regel auf allen Gütern nur zum eigenen Bedarf gebauet. Obgleich nach unserer Landwirthe Meinung, und wie dieses Herr Iversen auch in seinem angeführten Werke bemerkt, der Flachsbau, wenn er ausgedehnt wird, mannichfaltige Störungen im Wirthschaftsgange verursachen und die Oekonomie theilweise zu Grunde richten dürfte: so will uns doch bedünken, daß er bei einiger Umsicht an manchen Stellen gewiß mit großem Vortheile, dem Hauptbetriebe unbeschadet, anzuwenden wäre, wenn nur der so beliebte Schlendrian nicht so oft im Wege stände.

Man weiset hier dem Lein am häufigsten seinen Platz in Neubruch an. Dieser wird gut gedüngt, meistens im Herbste gefelgt, und im Frühjahre zur Saat geackert.

Die hiesigen Flachsbauer säumen selten mit dem öftern Wechsel des Leinsaamens, und verschreiben sich diesen häufig von Riga. Indeß ist die russische Saat, wenn sie hier anlangt, oft noch schlechter und unreiner als die hiesige.

Man ist auch hier über die Vorzüge der Thaurötte oder der Wasserrötte nicht ganz einig: und so verschieden wie die Ansichten unserer Leinbauer sind, wird auch der Flachs auf diese oder jene Art präparirt.

Hier und da läßt man ihn vermittelst der bekannten Maschinen schwingen.

Kartoffeln.

Dieses wichtige Futtergewächs wird auch in unsern Landen überall angebauet, wenn gleich von den meisten Ackerbauern nur zum eigenen wirthschaftlichen Gebrauche. Herr Iversen führt als Grund unseres eingeschränkten Kartoffelbaues an: „der Landtransport auf mehreren Meilen sey bei den niedrigen Preisen, worin dieses Gewächs gewöhnlich gegen Korn stehe, zu kostbar, als daß Kultur- und Transportkosten aus entfernten Gegenden ersetzt werden sollten.“ — Im Schleswigschen sind die Preise der Kartoffeln, im Ganzen genommen, so niedrig eben nicht, und übertreffen meistentheils die der Gerste, wenn man mit Rücksicht auf die Nahrungsfähigkeit von beiden annimmt, daß 3 Tonnen Kartoffeln einer Tonne Gerste gleich kommen. Was übrigens von der Beschwerlichkeit des Transportes der Kartoffeln bei einer weiten Entfernung von Städten gesagt wird, hat, wie sich das von selbst versteht, seine Richtigkeit.

Man weiset hier den Kartoffeln in der Regel ihren Platz in die Braache an. Indeß mag solcher wohl eigentlich nicht der passendste Platz seyn, da gewöhnlich das Winterkorn darnach ein schlechteres Gedeihen hat.

Man giebt den Kartoffeln meistentheils eine frische Düngung, legt sie im Großen nach dem Pfluge, — mit jeder dritten Furche eine Reihe — und bearbeitet sie hiernächst mit dem Häufelpflug, durch welches Instrument die Häufung nicht allein mit weit minderem Kostenaufwande, sondern auch besser und erfolgreicher, als durch die Handhacke erreicht wird.

Die Kartoffeln werden hier den Kühen und Schweinen mit verfuttert. Letzteren giebt man sie als Mastfutter gern gekocht.

Der aus Kartoffeln gebrannte Branntwein will hier nicht recht in Aufnahme kommen.

Klee.

Wenn ein Landwirth seinen Viehstapel nachhaltig verbessern, und dadurch seiner ganzen Oekonomie einen höhern Schwung geben will; so muß er auf die Vermehrung jeglicher Art Futters sein vorzügliches Augenmerk richten. Es ist besonders der mit Umsicht betriebene Anbau des rothen Klees, welcher ihn am leichtesten und am belohnendsten zu diesem vorgesteckten Ziele verhilft. Die Erfahrung hat dies tausend und aber tausend Mal bewiesen. Die Aeußerungen unserer größten praktischen Landwirthe stimmen mit dieser Behauptung überein. Ich darf hier also über die Wichtigkeit des Kleebaues, welche auch in Schleswig=Holstein allgemein anerkannt, keine Worte verlieren.

Einen nicht zu geilen oder fetten Klee findet man zur Gewinnung guten Kleesaamens am besten. Man sieht darauf, daß der Saatklee seine gehörige Reife erlange, und man ihn nicht eher mähe, als bis die Blumenköpfe recht dunkelbraun, und die Saamenkapseln abgestorben sind; imgleichen, daß man ihn des Morgens früh im Thau schneide, und schon am Nachmittage wie Hanf und Flachs stauchele. — Daß man ihn vollkommen trocken werden lasse, und in ein luftiges, vor den Mäusen sicheres Gebäude bringe, das versteht sich von selbst, so auch darf man es beim Dreschen des Klees nie verabsäumen, ein aufmerksames Auge auf seine Leute zu haben, indem von den mehr oder weniger gut gereinigten Saatkörnern der größere oder mindere Ertrag des Kleefeldes vorzüglich mit abhängt.

Sehr leicht kann das Trocknen der Kleeköpfe in einem Backofen nachtheilig werden. Man wird fast nie die rechte

Temperatur treffen können, folglich den Kleesamen erhitzen und sein Verderben befördern. Beim Sieben sammelt man hier die beim Dreschen abgehenden Hülsen, legt sie, gleich Flachsknoten, auf leinene Laken, trocknet sie an der Sonne, schüttet sie hiernächst auf eine etwas weit gestellte Mühle, und schrotet sie, so geht aller Saamen aus. Auf solche Art erhält man nach der Erfahrung unserer Kleebauer vollkommen reine Saat, die wohl nur vollkommen guten Klee wieder geben kann. Es ist nicht möglich, daß Kleesaamen mit Kappen, den manche Landwirthe zur Saat benutzen, gleichförmig aufgehen kann. Begreiflicher Weise liegen die ausgefallenen Körner, welche am reifsten und also auch am schwersten sind, immer im Säesack unten am Boden; dadurch werden einerseits die Stellen, welche man mit dem letzten Saamen besäet, weit dichter gerathen, als das übrige Feld; so wie andrerseits, wenn sich das geringste Lüftchen regt, die leichten Kappen mit dem darin befindlichen Saamen beständig nach einer und derselben Gegend hinfallen müssen, daher der Säemann nicht im Stande ist, seinen Wurf gehörig vertheilen zu können. Bei reinem Saamen hingegen kann ich mein Feld vollkommen gleichförmig und so dick oder so dünn besäen, wie ich es besäet haben will.

Die Methode, den Kleesaamen, nachdem seine Beifrucht schon einige Tage aufgelaufen ist, über diese grüne Saat überzusäen, und gleich hinterher zu walzen, finden unsere Landwirthe in Holstein nicht recht zweckmäßig. Es ist unter hundert Fällen, wo der Klee zugleich mit der Gerste oder mit dem Hafer eingebracht wird, nicht zu fürchten, daß jener diese überwachsen werde; sehr oft kann aber bei der späten Nachsaat des Klees unter die Sommerung eine trockene Witterung im Wege seyn, welche die Wirkung der Walze und dadurch das gute Einbringen der Saat verhindert. Die nicht angedrückten, mithin weniger mit Erde bedeckten Saamenkörner gehen dann nur spärlich auf; werden vielleicht später noch, wenn die Sommerung nach einem einfallenden Regen üppig aufschießt, von dieser erstickt. Ueberdies geht ein großer Theil des oben aufliegenden Saamens durch Vögel und Mäuse verloren.

Wer bei uns einen sich stark bestaudenden und tüchtig einwurzelnden Klee, der kein Unkraut aufkommen läßt, und des Winters Macht Trotz bieten kann, erziehen will: dem dürfte es wohl anzurathen seyn, den Kleesaamen immer zugleich, wenn die ausgesäete Sommerung einmal eingeeggt und die Ackerkrume so viel geebnet ist, daß die kleinen Körner nicht mehr zu tief wegfallen können, einzusäen.

Säet man Klee unter Wintergetreide, so darf man es, nach der Erfahrung unserer Landwirthe, nie verabsäumen, vorher die Kruste, welche das Winterfeld erhalten, mit den Eggen aufzubrechen, und hiernächst die Walze folgen zu lassen.

Den Klee, der zur Sommerstallfutterung angesäet worden war, habe ich unter Buchweitzen ganz besonders schön gefunden; die Versuche hingegen, die mit der Aussaat des Klees unter Flachs angestellt wurden, — einer Methode, die von manchen ökonomischen Schriftstellern so sehr angepriesen worden, — haben keinesweges ein ermunterndes Resultat gegeben. Es sind übrigens diese Versuche auf Ländereien angestellt, die wohl nicht so fett und dungreich seyn mögen, als z. B. der niederländer Flachsäcker, und dies mag vielleicht die alleinige Ursache seyn, daß die Kleeernte unter Flachs nicht hat glücken wollen. Sollte wirklich in den genannten Gegenden ein vorzügliches Gedeihen des Klees unter Flachs merkbar geworden seyn, so kann ich dies keinesweges dem

Einflusse, den der Flachs auf den Klee äußern könnte, zuschreiben, sondern einzig und allein der stark gedüngten, sorgfältiger und klarer geackerten, vom Unkraute reineren Krume. Wahrscheinlich wird man also unter Raps, auch unter manchen andern Gewächsen, auf deren Anbau eine größere Sorgfalt verwendet wird, eben so starken Klee bauen, als unter der vielgefeierten Leinpflanze.

Das Behüten des jungen Klees mit Schaafen erachtet unser Landwirth bei trockener Herbst- und Winter-Witterung eben so vortheilhaft, als man das Beweiden desselben mit großem Viehe äußerst nachtheilig befunden hat. Mehrentheils hat der mit Schaafen stark beweidete Klee im Frühjahr einen großen Vorzug vor dem unbeweideten, welches ich mir theilweise daraus erkläre, daß diese Thiere die lockere Erde an die Wurzeln des Klees drücken, und solchergestalt dem Auswintern desselben vorbeugen mögen.

Das Gypsen und Aeschen des Klees ist leider noch gar nicht gebräuchlich.

Dreizehnter Abschnitt.

Einernten der Feldfrüchte.

So wie die schleswig-holsteinische Landwirthschaft sich in mancher Rücksicht durch ihre Eigenthümlichkeiten von den Landwirthschaften der benachbarten Länder unterscheidet, so hat sie auch in Betreff des Erntegeschäftes ihre besonderen Verfahrungsarten, von denen ich jetzt reden will.

Winterrapsernte.

Es giebt wohl wenige Feldfrüchte, welche zur Zeit der Ernte so behutsam behandelt seyn wollen, als der Winterraps. Durch ein kleines Versehen kann, bei ungünstiger Witterung, sehr leicht der größte Theil der Saat dem Landwirthe verloren gehen, und es gehört ohnstreitig eine vieljährige Praxis dazu, unter allen Umständen, mit bestmöglichster Berücksichtigung seiner Lokalität, die zweckmäßigste Methode der Aberntung zu wählen. Weil der Rapsbau bei uns noch nicht gar lange im Gange ist, daher unsere Landwirthe (ausgenommen diejenigen, welche in anderen Gegenden, wo man den Raps schon früher anbauete, längere Zeit wirthschafteten), mit seinem Anbau noch nicht so vertraut geworden sind, als mit dem Baue anderer einheimischen Gewächse; so ist man hier auch noch nicht recht mit sich darüber einverstanden: ob die jetzt in Schleswig-Holstein fast allgemein gebräuchliche Methode die zweckmäßigste Art des Einerntens sey oder nicht? — Welches neue Verfahren übrigens der, von den Mängeln der nunmehr gebräuchlichen Ueberzeugte unserem Landwirthe anrühmen und vorschlagen mag: es muß nach meinem Dafürhalten von der Art seyn, daß durch dessen Anwendung die Qualität der Saat auf keinen Fall verringert werde, vielmehr sie an Schönheit und Oelergiebigkeit gewinne. Denn erwiesen ist es wohl, daß in Zeiten, wie den jetzigen, unsere Produkte einen noch weit geringeren Abgang finden, wenn sie nicht aufs allerbeste geborgen wurden; daß auch der solidere Kaufmann, nothgedrungen dem dermalen so oft verlegenen Landmanne, die zum Kaufe angebotene Waare mit weit schärferem Blicke und Geruche als ehemals untersucht, und leichtlich einen Stein des Anstoßes in den Weg wirft. — Dies besonders berücksichtigend ist wohl die von einigen agronomischen Schriftstellern erwähnte, unter andern von Schwerz (im zweiten Bande der Anleitung zur Kenntniß der Belgischen Landwirthschaft S. 178—180) vorgeschlagene Art, den Raps bei der Ernte zu behandeln, nämlich, ihn gleich nach dem Schneiden in Feimen zu bringen, dem gewöhnlichen bei uns üblichen Verfahren, wobei die abgeschnittene Saat in Gelegen zum Nachreifen auf die Stoppeln gelegt wird, wenig oder gar nicht vorzuziehen. Wendet man die größte Vorsicht nur beim Aufnehmen der Gelege an, vorausgesetzt, daß der rechte Zeitigungsgrad des Rapses bei der Mahd oder dem Schnitte wahrgenommen worden: so dürfte nach meinem Dafürhalten das in Schleswig-Holstein gebräuchliche Verfahren bei der Ernte in manchem Betrachte für den deutschen Landwirth wohl beachtungswerther seyn. Seine Mängel hat es, wie jedes Ding unterm Monde; und wenn diese hier nicht unbeleuchtet bleiben, und das Bessere hervorgehoben werden dürfte: so hofft man dadurch ein Scherflein zur Vervollkommnung der Rapsernte-Methode beizutragen.

Der zu treffende Zeitigungsgrad ist hier vornämlich manchem Zweifel unterworfen. Einige schneiden den Raps erst, wenn sich die meisten Körner in den Schoten bräunlich gefärbt haben, andere in einem weit grüneren Zustande, und, wie gewöhnlich, wollen auch hier beide Theile Recht haben. Erwiesen ist es aber wohl, daß ein Korn, welches auf dem noch lebenden Halm reift, vollkommner, schwerer, Mehl- oder Oelergiebiger wird, als das von halbreif gemähten oder geschnittenen Pflanzen. Zu grün geschnittener Raps muß nothwendig von hellbraunlicher Farbe, klein, schrumpflich und weniger ölreich werden, verliert überdies — wenn er auf der Blesse (Stoppel) keinen Regen bekommt, da er alsdann mit der größten Anstrengung nicht ganz rein aus den Hülsen zu schlagen ist, — an Quantität mehr als die fast reif geschnittene Saat. Die Rapssaat ist nach meiner Erfahrung schnitt- oder mahdreif, wenn die meisten Schoten eine hellgelbe Farbe, und die Körner in den Pahlen bräunliche Backen erhalten haben; alsdann schrumpfen sie nicht mehr zusammen, sind aber auch, wenn in der Folge die Gelege nur behutsam und zur gehörigen Zeit von der Stoppel genommen werden, dem Ausfallen nicht so sehr ausgesetzt.

In den Herzogthümern Schleswig und Holstein haben die Probsteyer das Abernten des Rapses mit der Sichel eingeführt, und dieses ist hier jetzt allgemein geworden. Bei einem geschickten und erfahrenen Landmanne im Schleswigschen wurde ich jedoch, als Ausnahme von der Regel, mit dem Mähen des Rapses bekannt. Ich gestehe offenherzig, daß ich diese Methode in den bei trocknen Sommern nicht selten eintreffenden Fällen anwendbar finde, wo:

1) der Raps sich nicht gelagert hat;

2) wo er nicht mit rankendem Unkraute durchwachsen ist, und

3) wo starke Winde ihn nicht zu sehr in einander geschlagen haben.

Man hat, nach meinem Dafürhalten, wenn die Sichel mit der Sense vertauscht wird, die Vortheile, daß:

1) die Mahd bei weitem schneller von Statten geht;

2) der Ausfall an Körnern aber geringer ist, als beim Schnitte.

In frühern Zeiten bediente man sich hier fast allenthalben zur Einerntung des Rapses der Probsteyer, welche alljährlich aus ihrer Heimath truppweise im Julimonat auszogen, um ihre Dienste unsern Gütern anzubieten. Sie erhielten 5 Thaler pro Tonne 240 Q.-Ruthen) für die vollständige Verrichtung des Geschäfts, überdies aber noch die nöthigen Pferde zu ihrer Arbeit *). — Jeder erfahrene Landmann weiß, wie oft über Akkordarbeiten hinweggeschlüpft wird, zumal wenn die Arbeiter wissen, daß sie keine scharfe Kontrolle zu befürchten haben. Unsere Probsteyer Ernteleute sahen eines Theils ehemals sehr wohl ein, daß wir sie für den einzigen tauglichen Rapsernter hielten, glaubten anderen Theils auch wirklich, daß sie das Ding allein, und unsere Oekonomen sehr wenig davon verständen. So ward denn oft ganz unverzeihlich mit unsern Rapsfeldern gewirthschaftet, in einem Tage das gethan, wozu mit Fug und Recht zwei erforderlich gewesen wären: und erst nach und nach wagten es Einige, empört durch solches pflichtwidrige Benehmen reichlich bezahlter Arbeiter, die Probsteyer abzudanken, und kamen auf die Idee, diese Arbeit mit ihren eigenen Leuten zu beschaffen. Die Sache gelang; man ahmte sie mehr und mehr nach, und in diesem Augenblicke giebt es wenige Güter mehr, wo die Probsteyer das Kommando bei der Rapsernte führen: Aber unsere eigenen Leute würden uns dermalen gewiß weit nützlicher werden, wenn wir ihnen, bei Eintreffung der vorerwähnten Fälle, die Sense statt der Sichel in die Hand geben wollten, wie dies in den meisten Gegenden Deutschlands eingeführt ist, wo der Rapsbau im Großen betrieben wird.

Wer seinen Raps, nach Berücksichtigung der oben genannten Bedingnisse, zur Mahd geeignet findet, und sich dazu entschließt, die Sichel mit der Sense zu vertauschen: der hat meiner Meinung nach Folgendes ganz vorzüglich zu beobachten:

---

*) Es verstand sich bei diesem Verdinge zudem noch von selbst, daß der Raps den Probsteyern frei zum Ausdrusch auf's Segel geliefert werden mußte.

Erstens darf nie anders, als des Morgens und Abends im Thau gemäht werden.

Zweitens muß möglichst darauf gesehen werden, daß die Mäher die Stängel nicht gar zu kurz von der Erde abmähen. Dies hat einer Seits das Nachtheilige, daß die auf die Stoppeln gelegten Haufen, besonders wenn sie sehr reich an vollkörnigen Schoten sind, die Erde berühren, also nicht gehörig durchreifen, und in nasser Witterung leicht schimmelig werden; anderer Seits aber erhält man bei dem zu kurzen Abmähen der Stängel von der Erde eine zu große Quantität Stroh, welche beim Dreschen und nachherigen Reinigen der Saat im Wege ist.

Drittens hat der Aufseher beim Geschäfte des Aberntens vornämlich darauf zu achten, daß er seinen Mähern eine genügende Anzahl von Aufnehmern nachgehen lasse. Ein großer Schade kann einem dadurch erwachsen, wenn zwischen den Stoppeln kreuz und queer allenthalben Stängel liegen bleiben. Sie sind, wenn es zum Dreschen geht, nicht mehr ins Segel zu sammeln — die Schoten sind verschimmelt, oder werden indeß ausgetreten. — Zu den eigentlichen Aufnehmern, welche die Haufen auf die Stoppeln legen, muß man sich Erwachsener bedienen, wohingegen das Nachsammeln sehr gut von Kindern beschafft werden kann.

Obgleich ich mich nicht zum Apologen der Rapsmahd aufwerfen will: so kann ich doch nicht umhin, zu gestehen, daß ich es als einen Mangel der schleswig-holsteinischen Ernte-Methode ansehe, daß die Sense beim Abbringen der Rapsfelder fast gar nicht benutzt wird. — Das Umwenden der beim Schneiden oder Mähen auf die Stoppeln gelegten Rapshaufen, nachdem sie in einigen Tagen abgetrocknet sind, ist hier nicht gebräuchlich, und ich halte es auch in den meisten Fällen für besser es zu unterlassen, da man meistens einen nicht unbedeutenden Saatverlust davon zu erwarten hat. Nur bei solchen Gelegen, die so grün oder stark sind, daß sie der Einwirkung der Luft besonders bedürfen, oder bei solchen Haufen, die dem Schatten der Wälle, Befriedigungen und deren Tropfenfalle ausgesetzt liegen, möchte das Umwenden nicht allein gerathen seyn, sondern Noth thun.

Man nimmt hier im Allgemeinen an, daß der Raps gewöhnlich vierzehn Tage auf der Blesse (den Stoppeln) liegen muß, bevor man zum Abdreschen schreiten kann; bekommt er in dieser Zeit einige Regenschauer, besonders gleich nach dem Schnitte oder der Mahd, so hält man das der Verschönerung des äußeren Ansehens der Körner sehr zuträglich.

Nur in kleinen Wirthschaften und auch dann, wenn das Rapsfeld besonders nahe an dem Hofe liegt, zieht man hier das Dreschen in der Scheuer dem Abdrusch unter freiem Himmel vor. Schwerz sagt freilich in seiner Belgischen Landwirthschaft, daß er das Abdreschen in der Scheuer für weniger kostspielig halte, und daß es weniger Menschen erfordere; hierin kann ich aber nicht wohl mit ihm einerlei Meinung seyn, und werde hiernächst durch eine Arbeits-Berechnung beider Methoden darthun, daß ich Recht dazu habe.

Um dem geneigten Leser eine richtige Vorstellung von der in Schleswig-Holstein üblichen Art, den Raps auf dem Felde abzudreschen, zu geben, unterziehe ich mich einer Beschreibung derselben. Angenommen, die zu dreschende Rapskoppel habe einen Flächeninhalt von zwölf holsteinischen Tonnen à 240 Q.-Ruthen, also 2880 Q.-Ruthen: so bereitet man, wenn die Saat auf der Blesse hinreichend gereift und zum Ausdrusche geschickt ist, vorher 3—4 Tonnen (sogenannte Segelstellen) auf dem Schlage, damit das Herbeibringen des

Rapses zum Ausdrusche, und dadurch das ganze Erntegeschäft erleichtert werde. Man mißt nämlich nach der Größe seines Dreschsegels die Plätze, wo solcher liegen soll, genau ab, zieht auf diesen die Stoppeln aus, und gräbt sie dann mit einem Spaden um, wobei man die Steine möglichst rein aus dem Lande sammelt. Demnächst werden die Tennen mit einem Rechen fein und eben geharkt, von Steinen wieder bestmöglichst gereinigt, und der vorsichtige und sparsame schleswigholsteinische Landwirth breitet nun, ehe er sein Segel ausspannt, eine Schichte Stroh über den also gereinigten Platz. Obgleich das Stroh allerdings, wenn in der Nacht ein starker Thau fällt, oder sogar ein Schauerregen die Drescher unthätig macht, einen längern Aufschub in dem Geschäfte des Dreschens verursacht, da das Segel bisweilen nicht so schnell wieder trocknen kann, als wenn es auf der unbedeckten Erdtenne liegt: so mag man diese Unannehmlichkeit doch willig tragen, bedenkend, daß widrigenfalls die kleinen spitzigen Steine im Erdreich, welche ja unmöglich ganz rein auszusammeln sind, das ohne Unterlage ausgespannte Dreschsegel durchlöchern, und einen Schaden verursachen, der 3 ja 6 Mal bedeutender ist.

Das Dreschsegel muß, wenn die Arbeiter sich gehörig darauf rühren, keiner dem andern im Wege stehen, und folglich das ganze Geschäft schnell abgemacht werden soll, ungefähr eine Länge von 40—44 Fuß, und eine Breite von 24—30 Fuß haben. Das von starkem Leinen- oder Segeltuche fabrizirte Tuch hat einen $2\frac{1}{2}$ Fuß hohen Rand, woran unten und oben, ungefähr 2 Ellen von einander entfernt, starke Strippen befestigt sind. Diese werden über in Boden gerammelte, 4 Fuß lange Pfähle dermaßen ausgespannt oder gehaft, daß das Segel keine Falten wirft, sondern möglichst eben auf der Erdtenne liegt.

Die Rapsbündel trägt man hier nicht, wie Schwerz es beschreibt, in groben Betttüchern den Dreschern zu: sondern sie werden vermittelst der Schleifen (Schlitten), worauf Bahren, 36—40 Fuß große Rahme mit einigen in der Mitte queer durchgehenden Hölzern, worüber Leinen ausgespannt sind, liegen, durch Pferde an das Segel gefördert. Bei den Rapsschleifen sind nothwendiger Weise außer den Fuhrleuten 3 Leute zum Aufladen der Rapsgelege erforderlich; überdies müssen einige Kinder zum Aufsammeln der zwischen den Stoppeln liegen gebliebenen Stängel angestellt seyn. Das Geschäft des Fahrens kann von Jungen verrichtet werden; diese müssen, wenn die Arbeit erst recht im Gange ist, nie vom Pferde kommen. — Auf dem benamten Rapsfelde von 12 holsteinischen Tonnen gebraucht man, weil daselbst, wenn die Drescher keinen Augenblick müßig stehen sollen, wenigstens zwei Schleifen beständig im Gange seyn müssen, inclusive der Fuhrleute 6—8 Aufnehmer und Sammler Kann man auf einer solchen Koppel gar 3 oder 4 Schleifen haben, so ist das allerdings immer besser; man wird dadurch die Zubereitung einer vierten Segelstelle ersparen.

Unstreitig ist das Aufnehmen der Gelege eins der wichtigsten Geschäfte der ganzen Rapsernte, leider aber dasjenige, worauf nur wenige Landwirthe ihr Hauptaugenmerk richten. Fast allenthalben findet man hier bei den Schleifen zu wenig Menschen angestellt. Die Ersparung einiger nöthigen Tagelohne hat aber ohne Zweifel immer den Verlust mehrerer Tonnen Saat zur Folge. Sind zu wenige Auflader bei den Schleifen angestellt, und können sie beim pflichtmäßigen behutsamen Aufnehmen, die Drescher auf dem Segel nicht

nicht in Arbeit halten: so packen sie, wenn das Geschäft rasch von der Stelle gehen soll, und sie sich von ihren Mitarbeitern oder ihrem Herrn keine Vorwürfe machen lassen wollen, so viel auf, als das Zeug halten will, raffen, statt einen Haufen von der Blesse zu nehmen, 3, 4 Gelege zusammen, und werfen sie gewaltsam auf die Bahre. Auf solche Art wird die Hälfte der Saat leicht eingebüßt. Wer seinen Vortheil kennt, sucht ihn bei der Rapsernte in der Ersparung weniger Thaler Tagelohns wohl nicht. Lieber einen Menschen zu viel, als zu wenig.

Die Rapshaufen — wie es hier wohl geschieht — vermittelst Stecken von der Stoppel zu nehmen, scheint mir nicht nothwendig; es werden dadurch vielmehr, nach meinem Dafürhalten, oft mehrere Schoten geleert, als bei dem gehörigen Aufnehmen mit den Händen.

Wenn bei dem ganzen Erntegeschäfte des Rapses sorgfältige Aufsicht von nöthen ist: so muß sie auch bei dem Aufladen wohl ganz besonders und vor allen andern seyn. Der auf dem Rapsfelde angestellte Aufseher muß nicht allein die Aufnehmer beständig im Auge haben, und es nie ungerügt lassen, wenn ihre Arbeit nicht auf die gehörige Art und Weise beschafft wird: sondern er hat auch dahin zu sehen, daß die Schleifen immer zeitig genug vollgepackt, und die Arbeit auf dem Segel ohne Unterbrechung im Gange bleibt.

Auf das vorerwähnte Segel stellt der hiesige Landwirth 4 Drescher mit etwas leichteren Flegeln, als sie beim Dreschen des Korns gebrauchen, weil man mit dem leichteren Geräthe den Raps eben sowohl rein aus den Hülsen schlägt, als mit dem schweren, jenes aber die Arbeit des Dreschens erleichtert.

Die Nachdrescher, welche Schwerz in seiner Beschreibung der Rapsernte erwähnt, können auf dem hier beschriebenen Segel, seiner Beschränktheit wegen, nicht wohl angebracht werden; um so weniger will es mir einleuchten, wie man jene auf ein Tuch von 20 bis 30 Fuß im Quadrat anstellt. — Auf unsern großen Gütern folgen allerdings die Nachdrescher den Vordreschern auf dem Fuße nach, und das trägt nicht wenig zur schnellern Beförderung des Dreschgeschäftes bei; das hier erwähnte Segel ist jedoch — wie gesagt — nur zur Zeit mit 4 Dreschern besetzt, und die mit einem Male angelegten Rapslagen werden immer völlig von der einen und derselben Parthie Leuten ausgeklopft.

Den Dreschern folgen zwei Männer mit hölzernen Gabeln, die den einmal gedroschenen Raps sogleich umkehren. Eine dritte Person harkt die auf dem Segel zerstreut liegenden abgeschlagenen Schoten an die Lage. Während die Drescher den zweiten Gang beginnen, die Umkehrer dann sogleich die ausgedroschenen Stiele, die sie vorher auf der Gabel schütteln und von Hülsen und Körnern reinigen, aus dem Segel auf die Seite bringen, wo der sogenannte Strohstaker steht, und sie weiter zurückwirft: nehmen zwei Leute die ans Segel gelangte, auf's neue vollgepackte Bahre in Empfang, und legen jetzt eine frische Lage für die Drescher an. Eine sechste Person beginnt sogleich damit, nach Abdrusch mehrerer Lagen, das Gröbste von den Stängeln und Hülsen immer nach einer Ecke der Tenne zu harken. Hier wird dasselbe mit einem Rechen, der ziemlich gerundete Zinken haben muß, gegen ein, vermittelst mehrerer, außerhalb des Segels eingeschlagener Pfähle, schräg aufgestelltes, 2 bis 3 Fuß breites, und 3 bis 4 Fuß langes Brett dermaßen geharkt, daß die geleerten

Schoten und das Harksel darüber wegfliegen, der Saame aber unten im Segel liegen bleibt.

Wenn sich der Saame in der Mitte des Segels zu sehr angehäuft hat, so wird er an die Seite geschoben, und dort vermittelst eines Siebes von den gröbsten Hülsen gereinigt. Sodann füllt man ihn in Säcke, fährt ihn heim, schüttet ihn auf die Scheuertenne, und vollendet seine Reinigung zur gelegenern Zeit.

Daß einem jeden Arbeiter auf dem Segel kein ganz bestimmter Wirkungskreis, über den er nicht hinausgehen dürfte, angewiesen werden kann, wird jeder einsehen, der einige Kenntniß von dergleichen Geschäften hat. Augen und Hände der Arbeiter müssen immer thätig seyn, und einer muß dem anderen soviel möglich in die Hände arbeiten. Müssige Zuschauer und Plauderer auf dem Segel dürfen nicht gelitten werden.

Man bindet — nach Schwerz — das Rapsstroh in Büschel zusammen, und stopft die Hülsen in Säcke, sobald die Arbeit des Dreschens vollendet ist. Das Stroh liefert getrocknet ein sehr gutes Material zum Heitzen des Backofens, die Hülsen aber sind als Winterfutterung der Kühe, Schaafe, Pferde von sehr bedeutendem Werthe. Schmalz schreibt: „In Altenburg streut man das Rapsstroh ein, weil es gewöhnlich zu dickstängelig und hart zur Futterung ist; aber die Schoten (Kappen) brüht man für die Kühe ein." — Anders verfährt der Schleswig-Holsteiner. Unverzüglich nach dem Ausdrusche legt er in seinen Rapsstroh- und Hülsenhaufen, um sich ihrer sogleich zu entledigen, Feuer an, und zieht keinen andern Gewinn davon, als die Asche. Manche unserer Gegenden, wo Raps gebaut wird, haben keinesweges solchen Ueberfluß an Feuerung, daß sie das Rapsstroh zur

Heizung der Backöfen gänzlich verwerfen sollten; noch vortheilhafter ist es aber, die Pahlen zu sammeln, und zur Winterfutterung gut zu bergen. Ihre Quantität ist nicht unbeträchtlich, und Schwerz mag wohl Recht haben, wenn er sie fünf Mal so groß annimmt, als die des Saamens, den sie enthalten. Welche Vermehrung von gutem Futter und kräftigen Dünger können die Rapshülsen abgeben! In Jahren, wo nur mäßige Aussichten auf eine gesegnete Stroherntе vorhanden sind, ist dies wohl zu beachten.

Wenn das Abdreschen der Frucht in der Scheuer vorgenommen wird, — was, wie gesagt, hier nur selten und von den kleineren Landwirthen geschieht — so kleidet man die mit langen Rungen versehenen Erntewagen mit mehreren Tüchern aus, weil sonst der ausfallende Saamen unterwegs verloren gehen würde. Auf einem Gute im Schleswigschen sah ich, statt der ausgekleideten Wagen, Schlitten, worauf sich abzunehmende Kasten befanden, benutzen. Ich halte diese Art, den Raps einzufahren, weit zweckmäßiger. Das Aufladen desselben ist dabei bequemer, und es geht auch weniger Saat verloren. Nach Schwerz hat man beim Laden des Rapses zur Bedienung jedes Wagens einige Tücher von 5—6 Fuß im Quadrat, welches die zum Laden bestimmten Personen auf der Erde ausbreiten, die nöthigen Gelege hineinpacken, und sodann dem Fuhrmanne reichen; bei uns habe ich dieses sehr zweckmäßige Verfahren nirgends nachgeahmt gesehen. Die Auflader reichen hier dem Fuhrmanne die Gelege aus freier Hand zu, wobei denn, wenn der Saame nur einigermaßen zum Ausfallen geneigt ist, kein kleiner Verlust statt findet.

Nehmen wir an, daß auf dem schon mehrere Male besprochenen Rapsfelde von 12 holsteinischen Tonnen — wenn dasselbe nicht gar zu sehr entfernt vom Hofe liegt — 3 Wagen zum Einfahren der Frucht nöthig sind: so bedarf man, inclusive der Fuhrleute und Sammler, 8—9 Auflader.

Der Raps wird auf der völlig rein gemachten Scheuertenne abgeladen, und meistens sogleich abgedroschen. Man hält hier dafür, daß der Saame aus den frischen Schoten besser ausfällt, als wenn diese erst schwitzen. Manche behaupten freilich, die Saat erhalte eine schönere Farbe, und es thue ihr nichts, wenn die Hülsen zum Theil faulten: mir will dies aber nicht recht einleuchten. — Der hiesige Landwirth eilt übrigens auch deshalb gern mit dem Abdrusch des in die Scheuer gefahrenen Rapses, weil dieser ihm sonst meistens bei der bald folgenden Kornernte im Wege liegen würde.

Bei dem hier besprochenen Abdrusch des Rapses von einer 12 holsteinische Tonnen großen Koppel, in der Scheuer, bedarf man an arbeitenden Personen:

	Arbeiter
Zum Einfahren mit drei Wagen	3
Zum Aufladen und Sammeln des Rapses . . .	5— 6
Drescher in der Scheuer	4
Zum Umwenden	2
Zum Umharken	2
Zum Anlegen und zum Abladen der Wagen . .	2
In der sogenannten Hölle (dem Brette in der Ecke der Tenne, wogegen die Hülsen geharkt werden)	1
Zum Sieben	1
Strohstaker	1
Summa aller Arbeiter	21—22

Um hier zugleich den Beweis zu führen, daß der Abdrusch unter freiem Himmel keine größere Mannschaft erfordere, möge der geneigte Leser nachfolgend noch die Arbeiter, welche bei jenem erforderlich sind, wieder aufgezählt finden.

	Arbeiter
Fuhrleute	2
Auflader und Sammler	5— 6
Drescher auf dem Segel	4
Kehrer	2
Anharker	2
Anleger und Ablader der Bahren	2
In der Hölle	1
Sieber	1
Strohstaker	1
Summa aller Arbeiter	20—21

Diese Berechnung fällt noch zu Gunsten des Felddrusches aus; und gewiß ist es auch, daß bei uns die Ersparung an Arbeitslohn kein Beweggrund seyn kann, den Raps in der Scheuer zu verarbeiten. Andere Gründe, deren Aufzählung hier zu weitläuftig seyn würde, sind wohl eher zu billigen.

Ich bemerke noch, daß die von Kähler in seinem Handbuche für Landwirthe (Berlin, in der Realschulbuchhandlung) beschriebene Methode des Ausreitens der Rapssaat mit Pferden, bei uns nicht mehr üblich ist. Unsere praktischen Oekonomen sind jetzt darüber einig, daß das Ausdreschen dem Ausreiten vorzuziehen sey.

Rockenernte.

Der Rocken (secale ceraele) wird unter allem Getreide bei uns am ersten gemähet. Die Ernte desselben fällt gewöhnlich um Jacobustag (25sten July). Der hiesige Bauer wendet auf die Rockenernte eine fast größere Aufmerksamkeit, als auf die des Weitzens. Er sucht vor allem den richtigen Moment der Reife auf das genaueste wahrzunehmen. Folgende Merkmale hierüber hat man sich besonders gesammelt.

Sobald man wahrnimmt, daß die Aehren in der Ferne weiß abgebleicht scheinen, die Halme aber nach unten zu ein bräunliches Ansehen gewonnen haben, darf nicht gesäumt werden, das Feld näher zu untersuchen. Man faßt nämlich einige Halme zusammen, und schlägt den Aehrenbüschel gegen den Hut an; das Mehr oder Minder der einfallenden Körner bestimmt den Grad der Reife. Ferner nimmt man einige Körner zwischen die Zähne, um zu probiren, ob sie eine gewisse Härte, und inwendig das gehörige weiße Mehl haben. Ist dies der Fall, so haben unsere Landleute nichts eiligeres zu thun, als die Mäher für ihre Felder zu bestellen. Ein früheres Mähen suchen sie deshalb nicht zu bewerkstelligen, weil unreif abgemähete Körner, wenn sie trocken geworden, nicht nur ein schrumpfliches Ansehen bekommen, indem die zuerst in der Hülse des Korns sich befindende Feuchtigkeit noch nicht hinreichend gewesen, so viele feste Mehltheile anzusetzen, um sie auszufüllen, und die abgeschnittenen Halme keinen Zufluß mehr erhielten, wohingegen die die Hülse bis dahin ausgespannt erhaltenden Wassertheile von der Sonne herausgezogen werden; sondern auch unreif eingeerntet und demnächst verarbeitetes Korn einen sehr schädlichen Einfluß auf die menschliche Gesundheit hat. Ein späteres Mähen vermeidet man aber ebenfalls, weil die äußere Hülse der Körner hernach immer brauner wird, auch das Mehl nicht so weiß ist, als von recht zeitig gemähetem Korn.

Bei dem Mähen des Getreides bedient man sich hier auf der Geest und den Gütern der Sense. Meist wird dieselbe mit dem sogenannten Korngestell oder Kornhaken ve sehen, welches zum Auffangen der abgemäheten Halme und um sie eben und ordentlich hinzulegen dient, und von Eichenholz verfertigt wird. Die Kornhaken mehr einzuziehen oder auszulassen, je nachdem dies beim Mähen erforderlich wird, dienen die drei Spanndräthe an einem jeden Haken, welche am zweckmäßigsten von Messingdraht verfertigt werden. — So nützlich der Haken unter gewissen Umständen ist, so kann er doch auch nachtheilig werden, und manche Hauswirthe geben es durchaus nicht zu, daß ihn die Mäher benutzen. Leicht kann der Rocken, wenn er lang von Stroh ist, und unordentlich durcheinander liegt, mit dem Haken auseinander gerissen, ein großer Theil der Körner und Aehren ausgeschlagen und abgestreift werden und in die Stoppeln fallen; zuweilen kann es der Fall seyn, daß der Bügel bei dem Mähen weit nützlicher ist.

Der eifrige Landwirth in unserer Gegend richtet es gern so ein, daß, wenn er einmal anfängt zu mähen, ihn nichts in dieser Arbeit aufhalten darf. Mitunter wird wohl vorher die ganze Koppel rundum abgemähet, damit jeder ohne Hinderniß vor seine Schwad treten und mit den übrigen fortkommen könne; man läßt auch wohl nach solchen Stellen, wo das Korn auffallend reifer ist, ein Schwad durchhauen, um das Niedertreten vielen Rockens zu verhüten. Die Mäher auf den Hoffeldern führt gewöhnlich der erste Bauknecht als Vormäher an, ihm folgt unmittelbar seine Binderin, wodurch der folgende denn auch in den Stand gesetzt wird, sogleich anfangen zu können.

Auf zwei Dinge halten unsere Landwirthe bei der Mahd ganz besonders; erstens, daß die Sense immer hinten niedrig genug von dem Mäher gehalten werde, um jedem Balken vorzubeugen; zweitens, daß die Sense vorn nicht zu weit in die Höhe gehe, und daß der Mäher dieselbe nach vollendetem Hau in dem nämlichen Bogen, wie beim Abhau, sanft und etwas von sich haltend, zurückgehen lasse, damit der abgehauene Rocken gerade an die noch stehende Wand zu liegen komme.

Das Sammeln und Binden des Rockens geschieht, wie bei allen Getreidearten, hier von Frauensleuten. Diese müssen ihre Garben ordentlich aufnehmen; was verkehrt liegt, zugleich aufrichten, damit beim nachherigen Bearbeiten des Kornes auf dem Felde nichts verloren gehe; auch dürfen sie keine Halme an der Rockenwand liegen lassen, indem dadurch dem Hintermann das Mähen erschwert wird. Beim Binden der Garben müssen sie den linken Arm etwas nach den Aehren hin unterschieben, mit dem rechten nach unten zu es theilweise in die linke hineinlegen, und während sie fortschreiten, mit dem linken Fuß, worauf der zusammengenommene Theil der Garbe ruhet, das unterste Ende derselben in die Höhe schieben. Um den Fuß der Garbe eben zu machen, wird dieselbe gerade in die Höhe gerichtet, wenn das Band umgeschlagen werden soll. Beim Umlegen desselben sieht man noch besonders dahin, daß es nicht zu weit nach oben komme, damit der Rocken beim Aufhocken, beim Auf- und Abstecken vom Wagen nicht herausfalle, und unwirthschaftlicher Weise unter das Häcksel komme. Das Binden des Rockens geschieht hier auf zweierlei Weise. Nach der einen nimmt man eine Hand voll aus der Garbe, schlägt das Band um dieselbe, schränkt es mit beiden Händen über einander, drehet es um, und steckt die beiden umgedreheten Enden unter das Band; nach der andern Methode macht man ein sogenanntes Schränkseil, wodurch die Aehren in dem Bande an der entgegengesetzten Seite zu sitzen, und bei dem Zusammenfügen nicht in

Verwirrung kommen. Besser ist offenbar die zweite Gewohnheit, wobei doch keine Körner ausgerieben werden.

Gewöhnlich hält man hier darauf, daß die sogenannten Hocker den Binderinnen unmittelbar folgen; nur unter gewissen Umständen, als z. B. wenn sehr viel Futter zwischen dem Rocken ist, es ein heißer Tag ist, und die Witterung sicher zu seyn scheint, zieht man es wohl vor, die Garben einen Tag über auf den Stoppeln liegen zu lassen. In unserer Gegend ist es gewöhnlich, drei Garben in ein Dreieck zusammenzusetzen, in den Marschen werden acht Garben kreutzweis zusammengestellt. Erstere Methode hat das Angenehme, daß dabei die Garben früher trocknen, aber bei etwas starkem Winde werden die Hocken auch jedes Mal umfallen, und ihr öfteres Aufsetzen bei ungünstiger Witterung verursacht nicht nur eine sehr ungelegene, sondern auch kostspielige Arbeit. Was die zweite Art aufzumandeln anbetrifft, so halten wir sie keinesweges dem Trocknen der Garben so hinderlich, wie manche behaupten wollen, glauben vielmehr das Gegentheil; vorausgesetzt, daß die Garben unten so weit als möglich auseinander stehen, damit der Wind durchstreichen kann, und daß sie oben spitz zulaufen. — Als Ausnahme von der Regel sind in hiesiger Gegend die Hocken von 4 Garben anzusehen. Die Erfahrung lehrt, daß die Garben darin, auch wenn sie ganz durchnäßt wurden, sehr gut wieder trocknen, und daß die Gefahr des Umfallens dabei nicht leicht zu fürchten sey, wenn die Hocker nur auf eine ordentliche Weise gesetzt werden; ich gestehe gern, daß mir von allen Hockenarten diese viergarbigen die liebsten sind.

In der Landschaft Angeln, wo ich wohne, zählt man das Korn nach Dragen, das sind sechzig Garben. Der sorgliche Wirth zählt gern sein Getreide, damit er hernach im Stande sey, rücksichtlich der Winterfutterung das rechte Maaß zu beobachten. Um das Aufzählen des Korns zu erleichtern, setzt man hier gewöhnlich immer fünf Hocken in einer Reihe nahe an einander, und läßt dann einen kleinen Zwischenraum bis zur nächsten Setzstelle; vier Setzstellen machen nach der hiesigen Art zu hocken eine Drage; man darf also nur die Setzstellen zählen, und die ganze Summe mit 4 dividiren, um die Anzahl der Drage im Ganzen zu wissen. In einigen Gegenden Holsteins, in den Marschen besonders, zählt man die Garben hundertweise, und nennt jede hundert Garben einen Diem.

Zum Harken der Rocken= so wie aller Getreidestoppeln, bedient man sich dreierlei Arten von Harken. Die gewöhnlichste ist die sogenannte Hungerharke, womit oft schon die Stoppeln am Tage der Mahd, oft aber auch erst in den folgenden Tagen zur schicklichen Zeit durch Mädchen und Jungen gereinigt werden. Ihr Balken hat eine Länge von 8 bis 10 Fuß, worin sich 12—16 hölzerne Zinken in schräger Richtung, gleich weit von einander, befinden. In der Mitte ihres Stiels, welcher unten gabelförmig und mit beiden Enden der Gabel in dem Balken befestigt ist, wird an der obern Seite ein Pflock angebracht, den der rechts stehende Harker mit der linken Hand, und den Stiel nach oben zu anfaßt, und die Harke auf diese Weise fortzieht. Zuweilen ist an dieser auch ein Querbalken fest gemacht, welches der Handhaber mit der Brust fortschiebt, und das nach der Größe der Person auf und nieder gelassen werden kann. Bei diesem Harken ist dahin zu sehen, daß die Harke nicht immer in gerader Linie fortgezogen werde, damit die Halme nicht in der Länge zwischen den Zinken durchgehen. Wenn die Harke voll ist, wird sie nach dem Hocker gezogen, dort gehoben, und das Harksel hingelegt.

Die eigentliche holsteinische Pferdeharke, zum Behuf der Stoppelreinigung, hat einen Balken von 12—14 Fuß Länge, mit 20—24 hölzernen Zinken, die auch etwas schräg stehen. Gleich weit von beiden Enden entfernt sind die beiden Zugbäume, worin das Pferd gespannt wird, oben in den Balken befestigt. An den äußersten Enden der beiden Bäume sind fünf bis sechs Löcher angebracht, vermittelst welcher die Harke, indem man die Bäume verkürzt oder verlängert, flacher oder tiefer gestellt werden kann. Oft wird das Pferd nur vermittelst eines Ringes, welcher sich an der Seite befindet, und der Stecken, die durch den Ring in die Löcher der Bäume gesteckt werden, befestigt; oft befinden sich aber auch auf dem Balken zwei Haken oder Pflöcke, woran die Stränge der Pferde fest gemacht werden, und die Ringe dienen dann nicht zum Ziehen der Harke, sondern blos um die Bäume an dem Pferde zu befestigen, und durch Verlängerung oder Verkürzung derselben die Harke tiefer oder flacher stellen zu können. In der Mitte des Balkens ist oberwärts ein Bügel, gewöhnlich von Weidenholz, womit der Führer die Harke, wenn sie voll ist, aufhebt und das Harksel absetzt.

Die auch hier und da in Holstein gebräuchliche meklenburgische Pferdeharke unterscheidet sich dadurch von der hiesigen, daß sie keine Bäume hat. In der Mitte des Balkens, nach hinten zu, ist ein ziemlich langer Stiel, Steerz genannt, womit die Harke regiert wird. Auf jeder Seite des Steerzes sitzt ein Pflock oder Haken, woran die Zugseile des Pferdes befestiget werden. Die Pflöcke, so wie die Zinken in dem Balken, sind dergestalt angebracht, daß die Harke mehr tief als flach geht. Wenn die Harke zu tief eingreift, so drückt der Führer den Steerz nieder; die Zinken heben sich dann, und die Harke geht flacher. Gleitet die Harke aber zu sehr überweg, so läßt der Führer mit dem Drucke nach, und die Zinken gehen tiefer. Wenn der Führer auf den Gebrauch dieser Harke eingeübt ist, so schafft sie mehr Nutzen, als die holsteinische.

Wie beim Grasmähen und Heumachen, so ist auch auf unterschiedlichen holsteinischen Gütern die Arbeit in der Kornernte abgemessen. Die Mäher müssen in der Regel jeder zwei Pflug Landes an Korn abmähen. Diese Arbeit ist nicht zu groß und schwer, wenn das Korn nicht lagerig oder übermäßig ins Stroh gewachsen ist. Weit schwerer ist es für die Binderin, ihr Deputat zu beschaffen, weil sie in der Regel so viel aufbinden muß, als eine Person mähet; zwar nimmt der Mäher auf die ihm folgende Binderin einigermaßen Rücksicht; aber dennoch wird das Binden meist nur schlecht vollführt. Wo strenge und verständige Aufseher bei der Ernte sind, da ist es wohl immer am besten, daß man jene alten Regeln nicht zu sehr berücksichtige, daher auch auf die Vollführung der zugemessenen Arbeit beim Hocken, da eine Mannsperson das aufhocken muß, was vier Binder aufbinden, nicht zu strenge sehe. Will man das Eine, nämlich die Beschaffung der bestimmten Arbeit; so kann man vernünftigerweise das Andere, nämlich die gute Ausführung derselben, wohl nicht immer und allenthalben verlangen. Ein Hocker, dem seine Arbeit zugemessen ward, wird sich, um nur mit fortzukommen, genöthigt sehen, die Mandel zuweilen los und außer der Reihe hinzustellen. Dieses wird mehr Gelegenheit geben, daß die Pferde von dem ihnen nahe stehenden Rocken beim nachherigen Einfahren Garben an sich reißen, und es wird auch dem Garbenreicher seine Arbeit sehr erschweren.

Eine Binderin, der ihre Arbeit zugetheilt worden, wird, da sie einmal durchaus fort muß, dicke Garben machen, und diese lose und schlecht binden; so wie denn der Mäher selbst wohl wenig Rücksicht mehr auf ein gutes und sorgfältiges Handhaben seines Instruments nehmen kann, wenn er auf einem lagerigen und üppigen Rockenfelde arbeitet.

Der schleswig-holsteinische Landmann nimmt keinen Anstand, den Rocken, wenn er völlig reif ist, ehe er gemähet worden, und das Wetter trocken ist, schon am folgenden Tage einzufahren. Das Rockenstroh enthält bekanntlich wenig ölige und wässerige, sondern mehr Salztheile, daher können sich die ersten nicht leicht in eine faulende Gährung setzen. Indeß kann der Rocken es nicht leiden, lange auf dem Felde zu stehen, und der Nässe ausgesetzt zu seyn, indem seine Körner dem Auswachsen mehr wie andere Getreidearten unterworfen sind.

Den zur Saat bestimmten Rocken mähet man gern am letzten, und läßt ihn auch auf dem Felde etwas länger trocknen, indem sein Ausdrusch dem Einscheuern so unmittelbar folgt, nicht völlig trockene Körner aber, wie die Erfahrung lehrt, zum Aussäen nichts weniger als geschickt sind, da sie zwar gewöhnlich zuerst schnell und stark hervorschießen, nachher aber nicht die Kraft haben, den ersten Trieb zur Vollständigkeit zu bringen u. s. w.

Die Anzahl der Wagen, welche man zum Einfahren des Rockens gebraucht, so wie alles andern Getreides, wird bestimmt nach der Menge des trockenen Korns und nach der Entfernung vom Hofe. Man theilt diese Wagen in verschiedene Parthieen oder Schichten ab. Bei dieser Abtheilung wird ebenfalls die Entfernung berücksichtigt. Nach den Schichten werden wiederum die Fächer bestimmt, das Getreide von dem Fuder auf den Boden zu staken. Das Fach, welches nicht mit Korn gefüllt, sondern woselbst über der Diele eine Oeffnung gelassen wird, um jenes auf den Boden zu bringen, nennt man hier eine Luke. Hat man also die ganze Summe der Wagen in vier Theile oder Schichten gesondert; so werden vier Luken oder Aufstaköffnungen erforderlich. Angenommen: es fahren 16 Wagen, die in vier Schichten getheilt sind, jede Schicht zu 4; von diesen 4 sind zwei auf dem Felde, um beladen zu werden, eine unterwegs nach Hause, und eine wird abgestakt. Zum Einfahren werden erfordert 2 Laderinnen in einer Schichte, oder 8 Mägde, zu jedem Wagen ein Nachharker, also 8, und 16 Aufstaker.

Die hier mit aufgezählten Nachharker fallen an einigen Stellen weg, da nämlich, wo die häßliche Mode ist, daß man das Nachharksel nicht gleich mit wegnimmt. Bedächte man, welcher große Verlust sowohl an Korn als Stroh, in Qualität und Quantität, das Liegenbleiben der losen Halme auf dem Felde zuwege bringt: man würde gewiß endlich allenthalben von der übeln Methode des Nachholens abgehen. Der Aufseher beim Aufladen hat hier vorzüglich dahin zu sehen, daß die Laderin die Leitern ganz vollpfropfe, daß sie das Fuder nicht zu schmal lege, oder daß sie es hinten und vorn schräg in die Höhe ziehe (einziehe), wobei denn nur wenig aufgepackt werden kann. Dies ist nicht wirthschaftlich, denn viel aufzuladen und seltener zu fahren hat eine weit geringere Verschüttung von Halmen zur Folge, als wenn mit kleinen Fudern schnell und oft gefahren wird. Ferner darf der Aufstaker oder Aufforker nicht 2—3 Garben auf ein Mal mit der Forke fassen, und hinauf werfen; dadurch reißen die Bänder der Garben auseinander; die Laderin wird dadurch in Verlegenheit und Unordnung gesetzt, und es ist auch offenbarer Verlust dabei. Endlich muß der Aufseher noch den Nachharker in Aufsicht haben, damit keine Stellen übergeschlagen werden.

Des sogenannten Scheunvogts Geschäft ist es, darauf zu achten, daß der Abstaker in der Scheuer keinen unnützen Aufenthalt finde und verursache; daß er aber auch bei der möglichsten Beschleunigung seiner Arbeit das Losreißen zu vieler Garben und das Herunterwerfen derselben vom Wagen vermeide. Die vom Wagen herabgefallenen Garben und die nach seiner Leerung an ihm hängenden Garben werden, sobald er die Diele verlassen, an die Seite gebracht, und die ausgefallenen Körner, noch bevor der beladene Wagen hereinfährt, zusammengefegt.

Der hiesige Landwirth erlaubt es nicht, daß in dem Fache oder in der Riste der Scheuer, die Garben unordentlich hingeworfen werden, selbst dann nicht, wenn auch noch Scheuerraum übrig bleiben sollte; der Leger muß jede ihm zugeworfene Garbe in die Hand nehmen, und sie nach der Folge an ihren gehörigen Platz bringen. Wenn dieses nicht geschieht, so werden nachher, wenn der Rocken zum Dreschen auf die Tenne gebracht werden soll, die meisten Garben auseinander gerissen, und unordentlich durcheinander geschüttet. Der Nachtheil, welcher dadurch entsteht, ist mancherlei. Man wird erstlich nicht im Stande seyn, das Dreschen und die Ausbeute desselben nach den Garben zu beurtheilen; alsdann aber wird das reine Ausdreschen der Körner auch erschwert werden, indem sich allenthalben in den Garben die Aehren verbergen können. In den Marschen wird nicht allein beim Rocken, sondern auch bei dem andern Getreide, ein von dem hiesigen sehr verschiedenes Verfahren angewandt. Die Sense wird dort gar nicht, sondern entweder die sogenannte Sicht

oder

oder die Sichel gebraucht. Beide Instrumente sind wohl hauptsächlich deshalb zum Bedürfniß geworden, weil dort das Getreide gemeiniglich so unordentlich auf dem Acker durcheinander liegt, daß man mit der Sense nichts ausrichten kann.

Mit der Sicht zugleich wird der sogenannte Mathaken gebraucht. Erstere hat, außer dem Handgriffe, eine ungefähr vier Zoll lange und drei Zoll breite, hinter dem Arm des Mähers, nach einer hinten übergebogenen Richtung in die Höhe stehende Platte; ferner eine Aushöhlung, worin der Daumen ruht, und dann die ungefähr anderthalb Fuß lange sich allmählig biegende Schneide. Der Hauer, wie man den mit der Sicht arbeitenden Mäher am natürlichsten nennt, führt dieses Instrument in der rechten, den Mathaken aber, welcher mit einem Handgriff versehen ist, und ungefähr eine Länge von 3 — 3½ Fuß hat, in der linken Hand, und stellt sich mit der linken Seite vor sein Schwad, welches ungefähr die Breite von 8 — 10 Hauen oder Hieben hat. Der abzuhauende Hieb wird hier in die Höhe gehoben, und so nahe als möglich an der Erde abgehauen. Dieses setzt er so lange fort, als das Schwad Hiebe erfordert. Darauf wird am Ende des Schwades das abgehauene Getreide in eine Garbe gebündelt, zugleich aber von neuem immer etwas abgehauen, welches zugleich mit in die Garbe kommt. Bei diesem Ausrollen schreitet der Mäher rückwärts, und bringt mit seinem Haken und auch mit der Sicht es dahin, daß das Stroh in der Garbe ordentlich und nach einer Richtung liege.

Wenn er das Ende des Schwades wieder erreicht hat, so faßt er die Garbe mit dem Haken oben an, hält sie unten mit der Sichte bei, und klemmt sie dadurch auf den rechten Fuß. Mit diesem hebt er die Garbe in die Höhe, macht eine Schwenkung auf den linken Fuß, so daß der Rücken nach dem Schwade gekehrt ist, und legt die Garbe nieder. Diese Arbeit wird freilich weit ordentlicher verrichtet, aber es gehören dazu auch mehrere Handgriffe, Gewandtheit und Geschicklichkeit. Ein gewandter Arbeiter mit der Sichte richtet sich bei jedem Haue darnach, in welcher Richtung das Korn liegt. Wenn er es möglich machen kann, so legt er es ohne Anhalten mit dem Haken zurecht, wo nicht, so nimmt er eine andere Stellung, und weiß sich in Acht zu nehmen, daß kein Stroh zerhackt, keine Aehren in die Stoppeln gehauen werden, und auch nicht ganze Halme stehen bleiben. In wiefern diese Vortheile gegen das Langsamere und Kostbarere der Arbeiten in Betracht kommen, wollen wir nachher ausführlich darthun.

Außer der Sicht bedient man sich in verschiedenen Gegenden der Marsch, z. B. in Eiderstädt, des sehr einfachen Instruments, der Sichel, womit das Korn weder abgemähet noch abgehauen, sondern abgeschnitten wird. Wahrscheinlich ist es, daß dieses Instrument, so einfach als natürlich, von unsern Vorfahren zuerst gebraucht worden. In unsern Landen werden zweierlei Arten Sicheln benutzt: einige haben die Schärfe eines Messers, andere haben Zähne wie eine Säge. Obgleich es nicht schwer hält, die Handgriffe mit diesem Instrumente zu lernen: so erfordern sie doch, um sie geschwind und ordentlich zu machen, eine gewisse Uebung. So angreifend für den Körper ist die Arbeit des Schneidens lange nicht, als das Hauen und Mähen, nur daß, wenn das Getreide sich gelegt, jener in einer krummen Biegung stehen muß. Man stellt sich mit dieser Sichel in der rechten Hand gerade vor sein Schwad, faßt mit der linken Hand so viel Korn zusammen, als man bequem mit einem Male abschneiden kann, steckt die Sichel dahinter, und zwar so niedrig als möglich, und reißt sie an sich. Kann man nun noch mehr fassen, so wiederholt man sogleich denselben Handgriff. Solche Hände voll legt man nun so lange auf einander, bis man glaubt, daß die Garbe groß genug ist.

Dürfen wir uns erlauben, ein Urtheil über die mehrere und mindere Brauchbarkeit erwähnter drei Erntewerkzeuge abzugeben, so fällt es dahin aus: daß, da man mit der Sense in einem gegebenen Zeitraume mit minderer Mühe eine ungleich größere Fläche abschneiden kann, als mit der Sicht oder der Sichel, der Körnerfall beim Schnitt des Getreides mit der Sense gegen das mit der Sichel geschnittene aber nicht beträchtlich größer ist, der Sense vor der Sichel und Sicht der Vorzug gebühre.

Wir wissen sehr wohl, daß man in gar vielen Gegenden die Getreideernte fast allenthalben mit der Sichel vollführt, und dort der Meinung ist, daß das ordentlichere Zusammenbringen der Halme das schönere Aussehen der Garben, vermöge des Gebrauchs jenes Instruments hinlänglichen Gewinnst zur Deckung der größeren Auslage beim Schneiden gäbe, allein diese Meinung konnte wohl nur da einwurzeln, wo meistens kleine Wirthschaften und eine verhältnißmäßig größere Bevölkerung ist. Ich will nur einen großen Vortheil der Sense gegen die Vorzüge der Sichel auf die Waage legen, nämlich diesen: daß man mit der Sense mittelst sehr wenigen Menschen die Ernte vollführen könne, und dadurch weniger abhängig von fremden Arbeitern und Tagelöhnern ist; dies scheint mir wesentlich genug, um die Beschaffung der Ernte mit der Sense im Allgemeinen als die zweckmäßigste zu erklären. Hierin sind viele Andere mit mir einstimmig. Thaer rechnet (Rat. Landwirthschaft 1ster Theil, S. 146), daß man mit der Gestellsense, wenn das Getreide in Schwaden gemähet wird, $2\frac{1}{2}$ Morgen = 1 Joch 172 Q.=Ruthen abmähen könne. Für das Harken, Binden und Zusammensetzen rechnet er, daß eine Weibsperson 2 Morgen = 1418 Q.=Ruthen aufräume. — Es käme demnach die Arbeit der Ernte eines Joches zusammen auf 202 Tagewerke. Herrn Thaer's Berechnung über die Arbeit des Schneidens ist ganz erfahrungswidrig. Er nimmt nämlich an, daß eine Person im Durchschnitte einen Morgen = 709 Q.=Ruthen fertig machen könne! — In den Wirthschafts=Erfahrungen des Grafen Podewills finden wir, daß 6 Mäher und 16 Sammler 24 Morgen Winterung in einem Tage mit der Sense abernten. Auf einen Menschen kommt ein Morgen, und ein Joch erheischt $2\frac{1}{4}$ Menschen. Beim Schneiden mit der Sichel rechnet er $4\frac{1}{2}$ Menschen auf ein Joch. — Begtrup erzählt, daß man in England den Weitzen häufiger schneide als mähe. 90 Acres Weitzen erfordern nach ihm 200 Tagewerke! 314 Menschen pro Tag, die sonst nur 140 Tagewerke beim Mähen erfordert hätten, wobei 221 Tagewerker für das Joch entfallen.

Nach meinen eigenen Erfahrungen scheint mir der Verlust an Körnern beim Mähen nicht viel bedeutender, als beim Schneiden zu seyn. Nur wo der Rocken, oder das andere Getreide überreif geworden, ist allerdings mehr Schaden bei dem Mähen. Das unordentliche Zusammenkommen des Getreides im Halme ist im Grunde Kleinigkeit, wenn nur dieses nicht zu lange auf dem Felde stehen bleibt.

Vom Garbenbinden und Hocken in den Märschen habe ich schon im Vorhergehenden etwas gesagt, und behaupte, daß dieses dort viel ordentlicher und regelmäßiger als auf den Höfen geschieht.

Haferernte.

1) Der Hardelandshafer.

Wie schon früher erwähnt worden, fällt die Ernte des Hardelandshafers wohl zuweilen mit der des Rockens, aber in der Regel doch erst gleich nach derselben ein. Der Hardelandshafer ist, wie meinen Lesern schon bekannt ist, die letzte Saat im Ackerumschlage, und wird daher im Frühjahr in eine Furche gesäet, daher ist er gewöhnlich auch reich an Futter oder an natürlichem Gras und Klee. Den Kühen giebt man ihn dieses Umstandes halber hier am liebsten, und mahet ihn im Allgemeinen früh, wenn er bunt wird, oder anfängt die grüne Farbe zu verlieren, damit er zum Kuhfutter recht geschickt und schmackhaft, vermöge der im Strohe zurückbleibenden Kräfte, werde.

In wiefern diese Meinung uns die richtige scheine oder nicht, können wir nicht unterlassen in einigen Zeilen darzuthun. Wir geben zu, daß das Stroh, wenn es noch grün und im Wachsthum ist, mehrere Säfte enthalte, als wenn es die gelbe Farbe annimmt und reif wird, oder abstirbt. Aber daß diese Säfte verloren gehen, will uns doch nicht recht einleuchten. Sie ziehen in die Höhe nach der Rispe, und bringen das Korn dort zu seiner Vollständigkeit. Nun kommt es darauf an, ob alsdann, wenn das Korn gemähet wird, der äußerste Zeitpunkt vorhanden ist, wo der Halm aufhört, neue Nahrungssäfte aus der Erde oder Luft an sich zu ziehen. Wäre dieses, so ist es vielleicht einerlei, ob sie im Stroh bleiben, oder sich im Korn ansetzen, indem beides zugleich genutzt wird. Nur ist die Frage, ob sie auf die Art so gesund sind. Doch auch dieses bei Seite gesetzt, so muß man doch in Erwägung ziehen, ob nicht bei dem langen Trocknen und Auslaugen des grünen saftigen Strohes, die meisten Nahrungssäfte verfliegen, welches sonst, wenn sie sich am Korn angesetzt hätten, nicht zu befürchten seyn würde.

Nach Erwägung dieser Gründe zusammen muß wohl jeder Unbefangene gestehen, daß man besser thue, auch den Hardelandshafer gehörig reifen zu lassen.

Auf vielen unserer Güter wird der Hardelandshafer ausgeschwadet, indem es, wenn die Mahd frühe beschafft wird, schwer hält, jenes Getreide, worunter meist viel Futter, bald und hinreichend zu trocknen, damit es in den Scheuern nicht schimmelig werde oder verderbe. Das Ausschwaden hat viele Freunde, aber auch viele Widersacher. Ich erlaube mir, hier das Für und Wider kürzlich anzuführen, und überlasse es dann meinen Lesern, zu bestimmen, auf welcher Seite das Recht sey.

Die Freunde des Ausschwadens führen für ihre Meinung hauptsächlich an: daß zuerst das flach und dünne der Sonne und dem Wind ausgesetzte Korn im Strohe geschwinder austrockne, als das in Garben gebundene Getreide, durch welches Sonne und Wind weit schwerer wirken. Daß ferner das Korn, wenn es in Schwaden von dem Regen angefeuchtet wird, weit eher trockne, und in seinem Strohe eher auslauge, als wenn die Garben durchnäßt wurden; daß aber bei gutem, nach dem Regen eintretenden Wetter das in Schwaden liegende Korn weit eher abtrockne und geschickt zum Einfahren werde, und endlich, daß bei lange anhaltendem Regen das ausgeschwadete Korn nicht so leicht auswachse, als aufgebundenes und gehocktes Getreide. — Dagegen wird von den Feinden des Ausschwadens behauptet: es sey keineswegs in der Wahrheit begründet, daß das flach an der Erde liegende Getreide so geschwind austrockne, als das aufrecht stehende, dem Winde ausgesetzte Korn; daher verliere das

Getreide ausnehmend an Güte, indem die untere Seite der Schwade von dem des Nachts aufsteigenden Thau immer naß bleibe, die obere Seite aber verbleiche, ihre Kräfte verliere, und wenn Klee darunter, dieser in wenigen Tagen die häßliche schwarze Farbe bekomme; auch lagern sich bei einem anhaltenden Regen das Korn immer weiter in die Stoppel, und komme so fest am Erdboden zu liegen, daß der Wind ganz darüber wegstreiche. Dadurch nehme aber das Korn, wenn es lange in dieser Lage bleibe, eine schwärzliche Farbe an, erhalte einen modrigen Geschmack, und wachse dem zufolge bei langem Regenwetter aus. Bei der Bearbeitung des, dem Auswachsen nahen Getreides werde nun ungleich mehr an Korn verschüttet, als beim Umsetzen und Wenden der Hocken der Fall sey; beim nachherigen Aufbinden wäre es auch nicht zu verhüten, daß nichts von der nassen Unterseite des Schwades in die Mitte der Garbe gerollt werde; man könne nicht eher an's Aufbinden von ausgeschwadetem Korn denken, als kurz vor dem Einfahren desselben; denn widrigenfalls setze man sich der Gefahr aus, daß die Garben von neuem durchnäßt würden, welches, wie die Erfahrung bewiesen, bei dieser eine ungleich nachtheiligere Wirkung habe, als bei denen, die gleich beim Mähen aufgebunden wären. Solle also das Aufsetzen zugleich mit und während des Einfahrens geschehen, so sehe man sich in Verlegenheit, die erforderlichen Arbeiter zu erhalten. — Endlich sey noch der schlimmste Nachtheil beim Ausschwaden, daß bei diesem Geschäfte selbst Korn ausgestreift und in die Stoppel gehauen werde; Erfahrung lehre, daß es gar nichts Ungewöhnliches bei kurz im Stroh gewachsenen Korne sey, wenn beim Ansatz der Lehe oder Sense bis auf 4 bis 6 Zoll Breite die Rispe durchgehauen werde, wovon sich viel in den Stoppeln verliere. Ein von Einzelnen dagegen angewandtes Mittel, nämlich die Halme sogleich von einer dem Mäher folgenden Person in kleinen Garben auslegen zu lassen, sey nichts weniger als zweckmäßig, heiße vielmehr, da ein solcher hingelegter Haufe schwer und langsam trockne, und außerdem doppelte Arbeit und Mühe erfordere, einen Fehler vermeiden, um andere zu begehen.

Auf welche Art und Weise der Hardelandshafer nun auch bei der Ernte behandelt werden mag: so erfordert er doch immer, vermöge seines früher erwähnten grünen Abmähens, und der ihm eigenen Untermengung mit Gras oder Klee, so wie der natürlichen Beschaffenheit seines, viele wässerige Feuchtigkeiten verschließenden Strohes halber, ziemlich lange Zeit zum Trockenwerden. Der sorgliche Landwirth in hiesiger Gegend denkt an das Einfahren in der Regel erst acht bis zehn Tage nach der Mahd. Man befördert das Trocknen dadurch, daß man die Garben so klein als möglich bindet, und wenn man gutes Wetter gewärtigen kann, einhocken läßt, damit die inwendigen Garben der Hocken nach außen gedreht werden.

Beim Binden des Hardelandshafers sieht man hier auch noch darauf, daß jede Garbe gerade aufgerichtet von der Binderin hingestellt werde, damit die Sonne sie nach allen Seiten bescheine. Nützlich ist das auch deshalb, weil die Garben beim Zusammensetzen noch einmal wieder von der alten Stelle gebracht, und auf eine neue trockene locker hingesetzt werden, wodurch das Trocknen des Fußes der Garben nicht wenig befördert wird. Das Zusammenhocken beschafft man hier auf die beim Rocken beschriebene Weise, und es geschieht solches in der Regel 3—4 Tage nach der Mahd. In den Marschen setzt man 6 Garben paarweise in einer Reihe etwas von einander, damit sie der Wind durchstreiche, sie aber, da sie gegenseitig von einander Unterstützung haben, nicht umwehen könne. Nach ungefähr 12 Tagen, von der Zeit des Mähens an gerechnet, hält man hier den Hafer, besonders wenn er in der Zeit einmal Regen bekommen hat, in der Regel trocken genug zum Einfahren. Kennzeichen der Trokkenheit ist es, wenn er im Bande nicht mehr naß anzufühlen; Zeichen der Auslaugung aber, wenn die Gärbe leicht ist, und beim Zusammendrehen von zwei bis drei Halmen aus diesen kein blinkender Saft mehr hervorquillt. Diese Untersuchung darf nicht wohl verabsäumt werden, wenn man das Verderben und Schimmeln im Fache verhüten will. Auf Gütern, wo der Hardelandshafer mit den Meiereikühen verfuttert wird, erhält er in der Scheuer eine abgesonderte Stelle.

2) Der Dreeschhafer.

In der Bestellung des Dreeschhafers, wovon an einem andern Orte geredet wird, liegt der Grund, warum er der vollständigste, schwerste und reifste, und daher der geschickteste zur künftigen Aussaat wird. Das junge Korn, welches man wieder zur Saat bestimmt, läßt man hier gern so vollständig als möglich, mithin völlig reif werden. Allein der umsichtige Landwirth wartet doch auch nicht gar zu lange mit der Mähd, indem es, wie Erfahrung bewiesen, so leicht angeht, daß schon ein mäßiger Wind das Korn fast ganz ausschlagen und alle schöne Hoffnungen mit einem Male vereiteln kann.

Es ist nicht zu rathen, mit der Mahd des Dreeschhafers erst dann zu beginnen, wenn alle Rispen und Halme völlig gelb sind, die Svelzen oder Kapseln, worin das Korn eingeschlossen ist, sich lösen und öffnen, und solchergestalt das Korn bei der geringsten Bewegung zur Erde schütten. Die wahre Mahdreife des Hafers, welcher selten gleichzeitig reif wird-

tritt dann ein, wenn er von fern blaßgelb in die Augen fällt. Dieser Zustand ist am besten durch theilweise Vergleichung und Untersuchung des Feldes wahrzunehmen. Wenn zwei Drittel der Halme sowohl am Stroh als an der Rispe blaßgelb sind, und der übrige Theil der letztern ebenfalls schon beginnt abzubleichen, so ist die beste Zeit ihn zu mähen. Hat er sogar schon an der Spitze ein klares durchsichtiges Ansehen erhalten, welches vermöge der Spelzenlösung eintritt, so ist der höchste Zeitpunkt der Mahd da, und man hat eigentlich nichts mehr zu untersuchen, als zum Ueberflusse dies: ob die im Korne befindliche feuchte Materie sich durchgängig schon zu festen Mehltheilen angesetzt habe. — Das Mähen, Hokken und Binden geht eben so, wie beim Hardelandshafer vor sich, nur zum Trocknen braucht aus leicht begreiflichen Gründen der Dreeschhafer nicht so lange Zeit wie jener. Meinen Erfahrungen nach kann, wenn nach der Mahd gute Witterung war, der Dreeschhafer nach Verlauf von fünf oder sechs Tagen eingefahren werden.

3) Der Falghafer.

Der insgemein zur künftigen Saat oder zur Futterung der Pferde bestimmte Falghafer wird in der Regel auf unsern Gütern erst dann gemähet, wenn er seine völlige Reife erlangt hat, übrigens ganz wie der vorhergehende Dreeschhafer eingeerntet. Um ihn, was der Landmann hier durchweg beabsichtet, rein auszudreschen, ist es gut, wenn er, nachdem er abgemähet worden, in den Hocken einen durchnässenden, aber nicht anhaltenden Regen erhält, vermöge dessen sich die Spelzen auflösen, und er sich mit leichterer Mühe ausschlagen läßt. Meiner Ansicht nach braucht man dann, wenn man die Kuhwirthschaft für eigene Rechnung betreibt, auf das reine Ausdreschen des Falghafers nicht so ängstlich zu sehen; ich halte es wirthschaftlicher, auch den, in der Regel den Kühen ungedroschen verfutterten Hardelandshafer etwas abzudreschen, woran man alsdann wieder Ersatz für das, was an Korn im Falghafer im Stroh sitzen bleibt, und zugleich den Vortheil hat, daß auch die Kühe dieses Stroh lieber fressen. Grund genug, beide Sorten, sowohl Hardelands- als Falghafer mäßig zu dreschen, liegt schon in der ausgemachten Wahrheit: daß der beste und schwerste Saame zuerst abfällt, und die kleinen unvollständigen Körner im Stroh bleiben.

4) Der Teichhafer.

Zu dem Ganzen der Oekonomie, wie sie auf den schleswig-holsteinischen Landgütern betrieben wird, gehört auch die zahme oder Teichfischerei. Teiche sind niedrige Wiesen, die auf eine gewisse Zeit unter Wasser gesetzt, und worin verschiedene Arten Fische, die nicht im salzigen Wasser leben, geboren, erzogen und groß gefuttert werden. Nach diesen drei verschiedenen Lebensperioden der Fische hat man auch drei verschiedene Arten Teiche. Diejenige Art, worin sie zu der brauchbaren Größe heranwachsen, sind gemeiniglich die größten. In diesen werden die Fische auf zwei und drei Jahre gesetzt. Nach Verlauf dieser Zeit läßt man das Wasser ablaufen, und die Fische werden herausgenommen und verkauft. Das folgende Frühjahr werden diese Teiche gepflügt und mit Hafer besäet. Dies ist nun der sogenannte Teichhafer. — Er hat die Eigenschaften an sich, daß er geil ins Stroh wächst, und später als der übrige Hafer reif wird. Das erste rührt von der Beschaffenheit des Teiches her, der durch das Bestauen eine außerordentliche Fruchtbarkeit angenommen. Das Wasser, welches ihn überschwemmt, strömt aus den höheren Gegenden in diese Vertiefung, und bringt eine Menge fruchtbarer Pflanzen- und Erdtheile mit sich, die es hier absetzt. Viele vorher darin schon vorhandene Gräser und Wurzeln gehen durch das Wasser in Fäulniß über, und die Fische selbst lösen durch ihr Wühlen nach verschiedenen Kräutern, Wurzeln und Würmern, die Erde in die feinsten Theile auf. Dieses zusammen macht, daß der Teich, nachdem das Wasser abgelaufen, mit einem fruchtbaren Schlamme überzogen ist. Dieser Schlamm erfordert nun Zeit, sich zu setzen, abzutrocknen, und eine gewisse Kohäsion anzunehmen. Daher muß man im Frühjahre warten, ehe man den Hafer bestellen kann, und die darauf folgende Ernte und Reife der Frucht verspätet sich auch. Doch läßt sich der umsichtsvolle Landwirth nicht durch das äußere Ansehen täuschen, wenn er untersuchen will, ob er reif genug ist, oder nicht. An den Stellen, wo er lagerig ist, behält er lange ein grünes unreifes Ansehen, selbst dann noch, wenn die Hülsen anfangen sich aufzulösen, und das Stroh speckig wird, oder einen geringen Grad von Fäulniß angenommen hat. Der Teichhafer hat überdies die Beschaffenheit an sich, daß die Spelze oder Kapsel sich nicht eng und fest an den Stamm anschließt; mithin, wenn sie sich nur etwas gelöset hat, das Korn leicht fallen läßt. Man hat also hinreichende Ursachen, den Teichhafer nicht völlig reif werden zu lassen, weil man zu viel, sowohl am Korne als an der Güte des Strohes verliert, welches zur Futterung alsdann ganz undienlich wird. Sobald also der Teichhafer an den hohen Ufern ziemlich abgebleicht ist, und auf den Blenken ebenfalls ein buntes Ansehen gewinnt, so mähet man ihn ab. Allerdings hat er alsdann Zeit und günstige Witterung nöthig, um zu trocknen. Viele wollen dieses dadurch beschleunigen, daß sie ihn ausschwaden.

und erst, nachdem die Witterung ist, am dritten oder vierten Tage aufbinden. Bei dieser Methode erreicht man auch wohl einigermaßen seine Absicht, aber man setzt sich dabei auf der andern Seite vielen Gefahren, größern Nachtheilen und Unbequemlichkeiten aus. Fällt ein lange anhaltender Regen ein, so schlämmt er in die Erde, und das Stroh wird verdorben; dabei geht auch ein Ansehnliches an Korn beim Aufbinden und Aufhocken verloren, weil die anhaltende Nässe die Hülsen auflöst, so daß sie den Saamen fallen lassen. Besser und richtiger verfährt man, wenn man zum Mähen des Teichhafers trockene Witterung abwartet, und ihn alsdann gleich aufbinden, aber nicht gleich aufhocken läßt, sondern darauf sieht, daß die Binderinnen die Garben nicht zu groß machen, und jede Garbe einzeln aufrichten. Haben sie so 2 bis 3 Tage gestanden, so säumt man nicht, sie zusammenzusetzen. Glaubt man, daß Regen erfolge: so nimmt man sich die Mühe, und trägt den Hafer auf eine Anhöhe, wo ein festerer und trockener Boden sich befindet. Hat man alsdann 4 bis 5 Tage Luft und Sonnenschein gehabt, so findet man seinen Teichhafer trocken genug, um ihn einzufahren. Ist er nach dem Abmähen einmal ganz durchnäßt worden, so trifft dies in der Regel um so gewisser ein. Alsdann hält man es aber für rathsam, beim Einfahren etwas behutsamer damit umzugehen, weil er desto mehr und leichter ausfällt. In der Scheuer legt man den Teichhafer ebenfalls abgesondert von andern hin; theils, weil er sich mehr anfeuchtet; theils, weil er nicht von der Güte ist, wie der andere Hafer, und an vielen Orten ungedroschen den Kühen zur Futterung dient. Den Pferden ist er nicht gesund, es sey denn, daß man ihn ungewöhnlich reif werden, und das Stroh recht hat auslaugen lassen.

Gerstenernte

Die große zweizeilige Gerste (Lehmgerste) wird hier am häufigsten gebauet. Sie ist, gleich sämmtlichen Gerstenarten, unter allen Feldfrüchten am schwierigsten zu trocknen und einzuernten. Sowohl das Korn als der Halm schließen viele Theile in sich, die erst abgesondert werden müssen, ehe man sie im Fache aufbewahren kann. Zugleich sind beide Theile, sowohl das Korn als das Stroh, von der Beschaffenheit, daß auch eine nicht anhaltende Nässe eine nachtheilige Veränderung in ihnen zuwege bringen kann. Das Korn verliert dadurch bald sein reines glänzendes Ansehen, und wird dagegen braun oder schwarz, oder es bekommt wohl gar einen Ansatz zum Auswachsen: lauter Anzeigen, daß es einen Theil seiner Kräfte verloren hat, weswegen auch die Mälzer und Bierbrauer in hiesiger Gegend es nicht gern kaufen wollen. Das Stroh ist unter allen das weichste, und hat die meisten Poren, wodurch die Feuchtigkeiten leicht eindringen, und die festen Theile angreifen und auflösen können. Der umsichtige Landwirth mähet daher die Gerste bei trockener Witterung, und besonders dann, wenn auf Dauer derselben gerechnet werden kann. Doch geht man hierin auch nicht zu weit, damit die Gerste nicht überreif werde, weil sie sich sodann vom Winde leicht könnte ausschlagen lassen, und, wenn sie lagerig ist, das Stroh spakig werden dürfte. Was übrigens das leichte Abbrechen der Aehren von den Stielen, dessen Thaer im 4ten Bande seiner rat. Landw. S. 83 u. f. erwähnt, anbetrifft, so ist man hier deshalb nicht sehr ängstlich. Auch muß ich gestehen, daß ich nie diese Untugend bemerkt, troß dem, daß ich manche Gerste habe einige Tage über der Reife mähen sehen. — Für Kennzeichen der wahren Mähereife der Gerste hält der Landmann hier besonders ihr durchgängiges

Abbleichen; tritt dieses ein: so untersucht er das Korn, ob der größte Theil feste Mehltheile hat, und ist dies und die Witterung zugleich hell und heiter, so säumt er nicht, die Mäher zu bestellen, und achtet nicht auf einzelne grüne Halme und Aehren.

Thaer räth an, die Gerste im Schwade nachreifen zu lassen. So unbedingt mögte das doch wohl nicht ausführbar seyn. Unsere Landwirthe halten wenigstens dafür, daß im Allgemeinen das Aufbinden hinter der Sense zweckmäßiger sey. Allerdings kann ausgeschwadete Gerste bei trockener Witterung geschwind welken und trocken werden; fällt aber ein anhaltender Regen ein: so befindet man sich in einer nachtheiligern Lage, als wenn man sie aufgebunden und aufgerichtet hätte. Die Gerstenstoppeln haben nicht die Steifigkeit, die Schwaden locker von der Erde zu halten; sie schlammt also leicht nieder, die Aehren werden braun und schmutzig, und viele Körner beginnen zu keimen. Wird sie endlich wieder trocken: so hat der dünne Halm bei der Aehre, und ebenfalls der Fruchtstiel eine Sprödigkeit, daß bei dem nachherigen Aufbinden und Hocken viele ganze Aehren und einzelne Körner abspringen, und verloren gehen, besonders ist dies der Fall, wenn das Band aus der Gerste selbst genommen, und sie nicht mit Rockenstroh oder Klappen gebunden wird, welches letztere bei einer großen Quantität nicht wohl angeht.

Daß ausgeschwadete Gerste drei bis vier Wochen auf dem Lande liegen bleiben müsse, damit sie röste, oder erst einige starke Thaue oder Regen bekomme, wodurch die Körner aufquellen und mehr in's Maaß gehen, ist ein Vorurtheil, welches hier von denjenigen Wirthen, welche Freunde vom Ausschwaden sind, durchweg als ein solches angesehen wird.

Erfahrung lehrte ja auch zur Genüge, daß die lange in Schwaden liegende Gerste immer schwärzlich, glanzlos, und ohne Ansehen von Körnern wurde, und daß von diesen nicht allein beim Sammeln und Einfahren viele ausfielen, sondern auch Mäuse, Vögel und anderes Ungeziefer viel Schaden daran thaten.

Die Freunde des Aufbindens der Gerste hinter der Sense sehen besonders dahin, daß die Garben so klein als möglich gemacht werden, damit sie, wenn sie etwa durchnäßt werden sollten, desto leichter wieder trocknen können. Ist die Koppel etwa von einem hohen dicken Knicke, oder hie und da von einer nahen Hölzung eingeschlossen: so sorgt man, daß die Hocken wenigstens außerhalb des Schattens gesetzt werden; bleibt der Thau den ganzen Tag, oder den größten Theil des Tages auf der Gerste: so wächst sie am Ende aus, auch wenn sie nie vom Regen durchnäßt worden ist. Sind nach Verlauf von einigen Tagen die Garben leicht anzufühlen, und die Körner hart und trocken, so säumt man nicht, die Gerste einzufahren. Bei günstigem Wetter sind höchstens acht Tage zum Trocknen hinreichend. Man wartet aber hauptsächlich bei der Gerste des Morgens so lange, bis die Sonne den Thau völlig abgetrocknet hat; denn die geringste Nässe ist hier hinreichend, das weiche Stroh, wenn es im Fache fest aufeinandergetreten worden, in die höchste Gährung zu setzen, und die ganze Masse zu verderben.

Der Weitzen.

Der Weitzen ist bei weitem leichter zu trocknen, als die Gerste; aber doch wendet man auch auf sein gutes Einbringen eine besondere Sorgfalt. Auf seine gehörige Reife sieht man vor allen andern Dingen, weil er, wenn er zur Unzeit

gemähet

gemähet wird, beim Trocknen sehr einschrumpft, sein gutes Ansehen verliert, und sich nur mit der äußersten Mühe rein ausdreschen läßt. Indeß hütet der umsichtige Wirth sich auch davor, den Weitzen zu lange stehen zu lassen, weil er sich bei eintretenden Stürmen leicht ausscheuert, und dann nicht selten eine und mehrere Saaten auf dem Acker bleiben, und verloren gehen. Als Kennzeichen der wahren Mahdreife erkennt man hier das Braun- oder Weißwerden der Körner, je nachdem er zu der einen oder zu der andern Sorte gehört; das Lösen der Spelze vom Korne, die Festigkeit der Körner, und die Konsistenz ihrer Mehltheile. — Auf den Gütern wird der Weitzen allgemein gemähet, in den Marschen aber schneidet man ihn mit der Sichel. Sobald die Garben gebunden sind, müssen sie gleich und zwar so aufgesetzt werden, daß sie der Wind nicht sobald umwehen kann. Um dieses so viel als möglich zu verhindern, setzt man im Eiderstädtischen acht Garben, die man dort Hocken nennt, in eine Stuke, je 4 und 4 Hocken zusammen, und giebt fleißig darauf Acht, ob Hocken niedergewehet sind, die dann gleich wieder aufgerichtet werden. Man möchte glauben, daß das Trocknen einer so großen Anzahl Garben schwierig seyn müsse, wenn aber die Garben nur so gegen einander gestellt sind, daß der Wind sie frei durchstreifen kann, so erfolgt das Trocknen leicht. Setzt man weniger, und wie hier die Gewohnheit ist, drei Garben in einer Hocke zusammen, so ist es bei dem langen gerade aufstehenden Weitzen nicht möglich, daß sich solche Hocken aufrecht halten können, der geringste Wind wirft sie alle nieder, und durch das wiederholte Aufsetzen gehen nicht wenig Körner und Aehren verloren; dadurch wird denn auch das Trocknen selbst nicht wenig verzögert. Bei einem etwas anhaltenden Regen hat es die Folge, daß in dem wolligten Weitzenkorn Erdtheilchen kleben bleiben, und das reine, glänzende Ansehen, was ihn dem Kaufmann empfiehlt, verloren geht. Uebrigens trocknet sowohl das Korn als das Stroh des Weitzens sehr leicht. Ist die Witterung günstig, so sind drei, höchstens vier Tage nach dem Mähen dazu hinreichend. Es giebt bekanntlich verschiedene Arten, worauf man bei der Ernte besondere Rücksicht zu nehmen hat. Von dem englischen weißen Weitzen (Triticum turgidum) weiß man, daß er sich leicht ausscheuert und ausschlägt; der seeische mag dagegen gern völlig reif werden, und läßt sich überhaupt nicht leicht ausdreschen.

Der Buchweitzen.

Der Buchweitzen (Polygonum fagopyrum), eine andere Art Getreides, als die bis dahin beschriebene, erfordert auch eine ganz andere Behandlung bei der Ernte. Hafer, Rocken, Gerste, Weitzen, überhaupt die Grasarten, haben nicht so viele wässerige und ölige Theile als der krautartige Buchweitzen, sie erfordern also auch nicht so viel Zeit und Sorgfalt beim Trocknen. Beim Buchweitzen darf man mit dem Abmähen nicht so lange warten, bis alle Säfte, welche sich in den hohlen, saftigen und faserigen Stängeln und den weichen Blättern befinden, zurückgetrieben und verflogen sind. Die Pflanze fängt erst alsdann an, ihren Saft zu verlieren und abzusterben, wenn sie alle ihre Früchte zur Reife gebracht hat. Dies geschieht aber beim Buchweitzen sehr allmählig. Ein Theil kann schon zur völligen Reife gekommen seyn, wenn ein anderer noch in der Blüthe verborgen ist. Will man hier, so wie an andern Getreidearten, das Absterben des Stängels, und die Vollständigkeit aller Frucht als Merkmal der Reife annehmen, und darnach die Zeit bestimmen, wenn er gemäht werden könnte: so würde man sich keinen geringen Verlust an dem Ertrage dieser Getreideart zuziehen. Die Frucht des Buchweitzenkrauts, nicht in Spelzen, sondern in einer sanften Hülle eingeschlossen, traubenweise am Stängel herabhängend, kann von einem geringen Winde ausgeschüttet oder abgerieben werden. Wartet man also, bis alle Körner reif sind: so gehen gewöhnlich die ersten verloren, und ließe sich auch dieser Verlust in den letztern, die sonst auch vielleicht verloren gehen, oder unvollständig bleiben würden, wieder gewinnen, so würde man doch an der Güte des Korns einbüßen. Natürlich ist dasjenige Korn, welches sich zuerst ansetzt, wenn der Stängel noch seine vollen Säfte hat; und die Luft und Erde noch mit fruchtbarer Kraft geschwängert ist, das beste und vollständigste.

Um zu entscheiden, ob der Buchweitzen so reif ist, daß er abgemäht werden kann, betrachten unsere Landwirthe zunächst die Blätter, mit Rücksicht auf ihr Braunwerden und Welken; dann die noch vorhandene Blüthe, ob sie von der Beschaffenheit ist, gutes, gesundes Korn anzusetzen, und endlich das Korn, wieviel dasselbe gehörige Vollständigkeit erhalten hat, und zur vollkommenen Reife gediehen ist. Hat der größte Theil ein schwarzbräunliches Ansehen, haben in den übrigen von grünröthlicher Farbe die Mehltheile sich größtentheils festgesetzt: so nimmt man nicht weiter auf die etwa noch vorhandenen Blüthen und noch unvollständigen Körner Rücksicht. Man läßt ihn nun so bald als möglich mähen.

Es giebt Jahre in welchen der Buchweitzen besonders lange nachblüht, und man in Versuchung gerathen kann, darauf Rücksicht zu nehmen. Man sieht es mit Bedauern, daß sich die Zeit nicht abwarten läßt, bis auch diese Frucht zur Reife kommt. Allein, eine solche Begierde alles zu haben, darf Keinen irre führen. Man würde sonst nicht vernünftiger handeln, als der Wucherer, der, um große Zinsen zu gewinnen, seine Kapitalien an unsichere Schuldner ausleihet, und sich der Gefahr aussetzt, beides, Kapital und Zinsen, zu verlieren. Ich kenne die Folgen eines zu langen Stehnlassens des Buchweitzens aus Erfahrung, die jeden davon abschrecken könnte. Man behandelte ihn beim Einernten mit solcher Vorsicht, so behende und zärtlich, daß jedermann glaubte, es könnten fast gar keine, oder doch nur wenige Körner verloren gehen; aber der Verlauf einiger Tage überzeugte uns schon von unserem Irrthume: der ausgefallene Saame schoß nach der Ernte so häufig hervor, daß man sicher auf das vierte Korn Rechnung machen konnte, das verloren gegangen war. Und damit war es noch nicht vorbei. Dies Buchweitzenland ward umgepflügt und mit Rocken besäet, worauf denn unter der Rockensaat noch fast eben so viel Buchweitzenpflanzen von neuem emporkeimten. Man weiß, daß der Buchweitzen unter allen Getreidearten am stärksten ausfällt.

Solche Erfahrungen geben also wohl die Lehre, daß man den Buchweitzen keinesweges wegen einiger noch darin befindlichen unreifen und unvollständigen Körner stehen lassen darf, und daß man ihn auch in der Ernte nicht vorsichtig und zärtlich genug behandeln kann. Um ihn abzumähen, braucht man hier die gewöhnliche Sense, und nach meinem Dafürhalten eignet sich kein Instrument besser dazu. Ist der Buchweitzen lagerig, so stellt man die Mäher immer so an, daß er ihnen nicht über die Sense fällt, und beim Aufsetzen desselben die Saamentrauben abgestreift oder abgeschlagen werden. Auch verstattet man es nicht, daß der Mäher die Hiebe unordentlich hinter sich wirft; sondern läßt sie ihn mit einer sanften

Erhebung des Instruments hinter sich aufstellen. Je ordentlicher dieses geschieht, desto leichter und behender kann die nachfolgende Stukerin ihr Geschäft verrichten. Sie hat überdies Mühe, wenn sie ihre Sache gut machen will, ihrem Mäher zu folgen. Wenn also dieser ihr nicht zu Hülfe kommt, so muß sie sich entweder so gut als möglich davon helfen, oder die nachfolgenden Mäher werden durch sie aufgehalten. Das hier gebräuchliche Aufstuken des Buchweitzens scheint, wenn man die Haufen nur so obenhin betrachtet, eine sehr leicht zu begreifende Sache zu seyn. Gleichwohl ist sie weit schwerer, und fordert mehr Aufmerksamkeit, als das Aufbinden und Aufhocken bei den übrigen Getreidearten. Es besteht diese Arbeit, wenn sie gut und regelmäßig gemacht werden soll, in folgenden Handgriffen: man rollt zuerst mit der Harke einen solchen Haufen, als zu einer Stuke erfordert wird, zusammen. Diesen Haufen faßt man, nachdem man die Harke vorher aus den Händen gelegt, mit beiden Händen und Armen, richtet ihn in die Höhe, und setzt ihn mit einer gewissen Schnelligkeit zur Erde nieder, damit der Fuß und alle Halme gerade aufstehen und die Erde berühren. Mit den beiden Händen greift man so viel, als man halten kann, von der entgegengesetzten Seite zusammen, und zieht dieses nach sich herum, und zwar so, als wollte man das Inwendige damit decken und einschließen. Darauf läßt man die linke Hand los, legt sie auf den Kopf der Stuke, und biegt die aufstehenden Köpfe nieder, während die rechte das Uebrige von der werdenden Stuke umdreht, und sie dadurch zuspitzt. Zuletzt breitet man das, was man noch in der rechten Hand gefaßt hat, mit beiden Händen in der Runde um die Spitzen der Stuke, und giebt ihr dadurch gewissermaaßen eine Haube zur Bedeckung.

Folgendes hält man für Kennzeichen einer guten Stuke: — nur wenige ihrer Theile müssen die Erde berühren; sie muß eine Abdachung, wie das Rohr auf dem Hause, und endlich einen fest bedeckten Kopf haben. Der Nutzen und Endzweck dieser Form ist leicht einzusehen. Sie dient nämlich dazu, daß das Ganze sich fest zusammenhalte; daß die Trauben bedeckt, und nicht vom Winde oder Hagel ausgeschlagen werden; daß der Regen nicht so leicht die Masse ganz durchnässe, und wenn dies etwa geschehen, sie leicht von Winden durchweht und getrocknet werden könne. Um eine Stuke zu formen, bedient man sich blos der Hände und Arme, und einer kleinen Harke, welche die Stukerin an ihrer Schürze befestiget hat. Diese Harke hat nur die Hälfte der Breite von den gewöhnlichen Harken, und ist einigermaßen nach der Länge des Buchweitzens abgemessen. Das Zusammenrollen des Schwades ist auch das einzige, wozu sie gebraucht und angewendet wird. Um dasjenige, was bei den Mähern in die Stoppel fällt, bekümmert sich die Stukerin nicht weiter. Eigentlich dazu bestimmte Nachharkerinnen müssen die Schwaden der Mäher reinigen; diese müssen ihre Arbeit mit einer gewissen Sorgfalt verrichten, ihr Instrument nicht hinter sich schleppen lassen, sondern das Korn wie in einem Zuge aufnehmen, und es jedesmal an dem Stuke aufstellen. Wollten sie so lange fortkratzen, bis die Harke gefüllt ist, so würden sie nichts als ausgeschüttetes Stroh zusammenbringen.

Beim ersten Aufsetzen erhalten die Stuken keine andere Ordnung, als die Richtung der Schwaden von den Mähern; diese laufen, besonders wenn der Buchweitzen nicht nach einerlei Richtung gestanden oder gelegen hat, unordentlich durch einander. In dieser Lage bleibt er, nachdem die Witterung ist, acht, auch wohl zehn und mehrere Tage stehen. Es ist zum geschwindern Trocknen nicht unzuträglich, wenn er ein Paar Tage hinter einander vom Regen durchnäßt wird. Dadurch wird das überhäufte Oel und Salz nach der Oberfläche gezogen, und verfliegt besser. Glaubt man, daß er in ein Paar Tagen welk und trocken genug werden kann, um ihn einzufahren, so muß man wieder Arbeiter anstellen, um ihn zusammen zu setzen. Dieses hat wenigstens einen doppelten Nutzen. So lange die Stuken unordentlich durch einander stehen, ist es fast unmöglich, ohne Verletzung derselben durch die Reihen zu fahren und ihn aufzuladen; wenigstens würde doch durch das Zusammenbringen viele Zeit verloren gehen. Dieser Vortheil wird aber noch durch einen zweiten aufgewogen, indem durch das Zusammensetzen das Trocknen nicht wenig befördert wird. Die Arbeit geschieht mit einer Forke, womit jede Stuke behende aufgenommen, und dahin getragen wird, wo eine Setzstelle stehen soll. Eine schon vorhandene Reihe dient hierbei zur Richtschnur, die aber nicht stehen bleiben, sondern ebenfalls ein wenig von der Stelle gerückt werden muß. Fünf Stuken werden gewöhnlich in eine Reihe gesetzt; hingegen ist die Anzahl der Reihen in einer Setzstelle willkührlich, und man richtet sich hierin nach der Anzahl der in der Nähe herumstehenden Stuken. Diese Veränderung der ersten Lage befördert das Trocknen ungemein. In der ersten Stellung haben die Stuken sich schon so stark gelagert, daß weder Wind noch Sonne den untersten Theil derselben durchdringen, und den Boden trocknen kann. Durch das Versetzen erhalten sie einen trocknern, vom Erdboden fast abgesonderten Stand, und weil sie viel von ihrer ersten Schwere verloren, so ist die vorhandene Stoppel hinreichend, sie locker und in der Höhe zu halten. Ist nun die Witterung gut, so können zwei Tage das Trocknen so sehr beschleunigen, daß er ohne Gefahr eingefahren werden kann. Um sich davon zu überzeugen, stellt unser Landwirth unter andern folgende Probe an. Er nimmt 3 bis 4 der größten Stängel, die gewöhnlich den Saft am längsten bei sich behalten, zusammen, und drehet sie so lange als möglich. Ist noch Saft in den hohlen Stielen vorhanden, so wird er sich alsdann an der Oberfläche zeigen. Ist dieses nicht, und lassen sich hingegen die Stiele leicht abdrehen: so trägt er weiter kein Bedenken, ihn einzufahren. Hierbei ist nun weiter nichts zu erinnern, als daß der Aufstaker seine Forke nach unten zu behende in die Stuke hineingleiten läßt, und jede besonders der Laderin zureichen muß. Durch das Zusammenstoßen zweier und mehrerer Stuken wird viel Korn ausgeschüttet und verschleudert. Eben so behutsam muß auch die Laderin damit umgehen. Sie muß jede Stuke an ihren gehörigen Ort hinlegen, keine Köpfe heraussstehen lassen, und die herunterhängenden einzelnen Halme zu sich heraufziehen. Diejenigen, die nicht von ihr erreicht werden können, nimmt die Nachharkerin mit der Harke sanft herunter, weil sie sonst unterwegs verschleudert würden. In der Scheuer bestimmt man dem Buchweitzen gewöhnlich einen Platz, wo er luftig liegt, z. B. über der Dreschdiele, woselbst die feuchten Theile, welche noch einen gewissen Grad der Gährung annehmen, leicht verfliegen.

Die Felderbsen.

Die Felderbse (Pisum arvense) gehört gleichfalls zu dem krautartigen Getreide, und erfordert in der Ernte eine besondere Behandlung, die ich hier nicht mit Stillschweigen übergehen kann, besonders da sie in den Herzogthümern immer häufiger angebaut und gleichsam einheimisch wird.

Man hat sich insbesondere in Acht zu nehmen, daß man, um alles einzuernten, nicht das Beste aufopfere.

Auf der Geest bedient man sich hier fast durchgängig der Sense zum Mähen der Erbsen, in den Marschen benutzt man aber die Sicht dazu. Die hiesigen Landwirthe gehen beim Trocknen der Erbsen, insbesondere wenn ungünstige Witterung eintritt, Regen und Sonnenschein häufig abwechseln, mit der größten Vorsicht zu Werke. Im entgegengesetzten Falle setzt man sich in Gefahr, sämmtliche Erbsen schon auf dem Acker zu verlieren.

Aufgebunden und gehockt können die Erbsen, ihrer Natur nach, nicht gut werden; man läßt sie also, nachdem die Witterung und ihre Reife gewesen, 8—10 Tage ruhig auf der Erde liegen. Dann werden sie gewendet, und ist die Witterung günstig, am dritten und vierten Tage nach Hause gefahren. — Nur bei sehr mißlichem Wetter läßt man die Erbsen wohl, sobald sie nur etwas abgewelkt, gleich in große Haufen bringen, die durch wiederholtes Auflockern und Lüften mit dem Harkenstiele trocken gemacht werden. Daß bei diesem Verfahren das Stroh etwas an seiner Güte leide, ist begreiflich.

Bei den übrigen Kornarten ist es nothwendig, an den vollen Fudern das herabhängende rein abzuharken; bei den Erbsen hingegen muß man es mit der Forke eindrücken, indem alles an einander hängt, und durch das Abharken zu viel ausgerissen würde. Im Gebäude bestimmt man ihnen, wenn es seyn kann, einen luftigen Ort, wo sie ausdünsten, und die Frucht sich abhärten und trocknen kann, indem sie sonst, besonders wenn man sie zu früh eingefahren hat, von der ausdünstenden Hitze schwarz anlaufen, oder sogar schimmelig werden. Besonders würde es unvernünftig seyn, wenn man sie, sobald sie eingefahren sind, ausdreschen wollte. Man würde einen nicht unbeträchtlichen Theil davon mit dem Flegel und mit den Füßen zerquetschen, und sie nicht anders vor Schimmel und Verderben retten können, als wenn man sie etwa auf der Darre oder im Backofen trocknete. Bleiben sie aber einige Zeit in ihren Hülsen verschlossen, so hat dieses keine Gefahr, vielmehr sondern sich die feuchten Theile nach und nach ab, und die Erbsen behalten ihr gesundes glänzendes Ansehen.

Thaer räth an: die Erbsenhaufen auf einen möglichst schmalen Reifen zusammenbringen zu lassen, damit man, wenn sich das Einfahren verzögerte, dazwischen durchpflügen könnte, weil es nach der Aberntung der Erbsen für die folgende Saat von der größten Wichtigkeit sey, den Pflug der Sense so schnell wie möglich folgen zu lassen. Gewiß hat derselbe darin vollkommen Recht, und sehr zu wünschen wäre es, daß auch unsere Landwirthe die Wichtigkeit des schnellen Umbruchs der Erbsenstoppel mehr erkennen lernten.

Die Wicken.

Von diesen gilt dasselbe, was über die vorhergehende Frucht gesagt worden. Man mähet sie auch hier, wenn sie zu Heu für die Kühe bestimmt sind, in ihrer vollen Blüthe. Sollen sie hingegen den Pferden gespendet werden, so läßt man, zur Gewinnung größerer Menge und stärkerer Nahrungskraft, ihre Schoten mehr heranwachsen.

Die Feldbohnen, Futter- oder Pferdebohnen.

Die Feldbohne (Faba minor equina), ein krautartiges Getreide, wird hie und da auf unsern Feldern, vornemlich in den Marschen gebaut. Es ist daher nothwendig, die Behandlung derselben in der Ernte hier mit zu beschreiben.

Diese Frucht hat einen starken, hohlen Stiel, und verschließt ebenfalls viele alkalische, ölige und wässerige Theile, die sich größtentheils vorher absondern müssen, ehe sie in den Gebäuden aufbewahrt werden kann. Man darf, um sie abzumähen, ebenfalls nicht so lange warten, bis alle Schoten ein schwärzliches Ansehen haben, und die Blätter durchgängig verwelkt sind, sonst läuft man auch bei den Bohnen Gefahr, eine ansehnliche Menge des besten Korns zu verlieren. Werden die Bohnen auf dem Stiele völlig reif, so spannen sich die Häute der Schoten stark auseinander; sobald sie nun durchnäßt werden, löset sich der Leim, der sie zusammenhält, und beide Decken springen mit einer gewissen Schnellkraft auf, und lassen die in ihnen verschlossenen Bohnen zur Erde fallen. Man nimmt also hier auch andere Kennzeichen der Reife an. Diese sind, daß die Stiele nach unten zu fast durchgängig entblättert sind, die dort sitzenden Schoten und die darin verschlossene Frucht ein bräunliches Ansehen, und letztere eine gewisse Härte angenommen haben, und endlich die nach oben sitzenden Schoten größtentheils ausgewachsen und zur Vollständigkeit gebracht sind. Haben sie diese Eigenschaften, so läßt man sie abmähen. Bleiben alsdann hier und da einige Bohnen klein und unvollständig, so hat man wieder Ersatz an den im Stroh zurückbleibenden Kräften für das, was man an einem Theile der Früchte einbüßt. Wenn das Stroh zu Häckſel geschnitten werden und zur Futterung der Pferde dienen soll; so hat man noch weniger Ursache, auf die Vollständigkeit der letzten Früchte Rücksicht zu nehmen.

Um sie abzumähen, bedient man sich auf der Geest der gewöhnlichen Kornsense, in den Marschen aber der Sicht oder der Sichel. Mit diesen Instrumenten werden die Bohnen sogleich in Garben hingelegt, bleiben aber wenigstens 4—5

Tage ruhig liegen, ehe sie aufgebunden und aufgehockt werden. Wo Schilfrohr wächst, bindet man sie in den Marschen mit diesem; widrigenfalls, wie im Eiderstädtischen, mit Strohbändern, die man vorher dazu verfertigt. Schon vor der Bohnenmahd, oder kurz nachher, wird das Schilfrohr aus den Gräben und von Wällen geschnitten; man läßt es sodann ein wenig wählen, schüttelt das darin befindliche Gras heraus, und macht demnächst Anstalt zum Aufbinden der Bohnen. In einigen Marschen sieht der Binder darauf, daß seine Bohnen in einem Tage aufgebunden und aufgehockt werden, und dieser Tag erhält dadurch etwas Festliches. Es werden dazu so viele Insten oder Käthnerfrauen und Knaben eingeladen, als man nöthig glaubt, um die Arbeit zu beschleunigen. Diese versammeln sich des Morgens von 8 bis 9 Uhr auf dem Felde. Die Knaben und kleinen Mädchen beginnen damit, Bänder auszulegen, hinter jede Blesse ein Band, und einzulegen, d. h. mit der Sichel die Blessen aufzuheben und sie über die Bänder zu legen. Nun stellen sich die Binder und Binderinnen vor ihre Schwaden, und wetteifern, sich in dieser Arbeit zuvorzukommen. Die Hocker folgen ihnen auf dem Fuße nach, und stellen die Garben paarweise in Hocken zusammen, so daß zehn Garben eine Hocke ausmachen. Am Abend werden diese Arbeiter mit einer auserlesenen Mahlzeit von der Hausfrau empfangen. Am andern Tage pflegt man sie gewöhnlich wieder zu bestellen, um das, was in den Stoppeln liegen geblieben, aufzulesen oder aufzusammeln: indem wegen der steifen Stoppeln und des leichten Ausfallens der Bohnen aus den Schoten diese Arbeit nicht mit der Hacke verrichtet werden kann. Zuweilen ist der Hausherr so gefällig oder mitleidig, daß er jedem seiner Arbeiter ein Stück Landes anweist, welches sie für sich ablesen können. Ist diese Arbeit vollendet, so bleiben die Bohnen noch 10—12 und mehrere Tage in Hocken stehen, damit das Stroh recht auswelkt, und die Frucht einen gewissen Grad der Härte annehme. Beim Einfahren ist nichts weiter zu beobachten, als daß man gern einen hellen Tag dazu wählt, und am Morgen nicht eher anfängt, bis die Sonne den Thau abgetrocknet hat. Die Stängel, welche unter den Hocken liegen geblieben sind, und beim Aufstaken ausgeschüttet werden, läßt man von einem Knaben oder Mädchen aufsammeln, die dem Wagen nachfolgen.

Da man in den Marschen gemeiniglich nicht gar große Gebäude zur Fassung und Bergung des Getreides hat: so fährt man dort die Bohnen auch fast immer in einen oder mehreren Diemen (Klothen) auf die Warft oder Hausflur, oder auch auf eine so nahe als möglich beim Hause oder Heuberg gelegene Fenne; hier werden diese Klothen oben mit Rohrschilf belegt und mit Strohseilen, die etwa reichlich einen Fuß von einander entfernt seyn dürfen, und an welchen unten Mauersteine befestiget sind, zugehängt. Erst wenn die Pferde mit den Bohnen gefuttert werden sollen, öffnet man die Diemen und fährt sie dann ein.

Der sorgliche Wirth läßt indeß gern doch einige Fuder immer gleich vom Felde ins Haus selbst fahren, weil das Einfahren aus den Klothen erst auf dem Frost angehen kann, oder bis man erst so viel Raum im Hause wieder hat, daß man einen ganzen Kloth füglich lassen kann.

Vierzehnter Abschnitt.

Das Dreschen, Reinigen und Aufbewahren des Getreides.

Das Abdreschen des Getreides wird im Schleswig-Holsteinischen fast allgemein mit dem Flegel bewirkt. In den Bauerwirthschaften läßt man alles Korn durch das eigene Gesinde aus dem Strohe bringen: in einigen Theilen der Herzogthümer, z. B. dem nördlichen Schleswig, drischt man hingegen pfundweise, und zahlt für ein Pfund, wozu beim Winterkorn 5 Tonnen gehören, nebst freier Beköstigung 15—20 oder 10—12 Schillinge; auf den meisten Gütern endlich wird im Verdinge gedroschen, und es erhalten hier, je nachdem das Korn scheffelt, und die Arbeiter gesucht werden, die Drescher die 12te, 13te, 14te, 15te, 16te bis 18te Tonne bei eigener Beköstigung.

Das Dreschen durch Austreten von Thieren wird im Schleswig-Holsteinischen gar nicht betrieben. Gewiß hat diese Methode auch nur einen Vortheil, nämlich diesen, daß mit den geringsten Kosten die größte Menge von Getreide in einem gegebenen Zeitraume ausgedroschen werden kann; dahingegen es auch ausgemacht ist, daß man damit nur sehr reifes oder leicht aus den Spelzen gehendes Getreide rein und geschwind ausbringen kann, und daß das Stroh zum Futter größtentheils untauglich wird.

Nur bei der Hirse halte ich den Ausdrusch durch Thiere anwendbar. Auch wird, wie ich in Burgers trefflichem

Lehrbuche der Landwirthschaft lese, diese Methode dabei in Kärnthen allenthalben angewandt, weil erwähntes Korn noch in nassem Zustande des Strohes eingeführt, und sogleich ausgedroschen werden muß, und weil die Saamenkerne ausnehmend leicht aus ihren Spelzen gehen. Das Stroh der Hülse wird sämmtlich zum Trocknen aufgehäufelt; verliert so, vermöge der Einwirkung der Luft und des Regens, wieder allen übeln Geruch, und wird hernach von den Thieren gern gefressen.

Was das Dreschen des Getreides mit Maschinen anbetrifft: so sind wir hierin nicht besonders fortgeschritten. Nur auf sehr wenigen unserer Güter trifft man jene an, und diejenigen, welche sie angeschafft, scheinen auch nur selten Gebrauch davon zu machen. Die Abneigung unserer Landwirthe gegen die Dreschmaschine hat nicht darin ihren Grund, daß man glaubt, ihre Einrichtung und Konstruktion sey von solcher Beschaffenheit, daß der Ausdrusch des Getreides damit nur sehr schlecht und mangelhaft bewerkstelligt werde; die umsichtigern meiner Gewerbsgenossen erkennen vielmehr sehr wohl ihre durch Erfahrung bewährten Vortheile. Es scheint auch ihnen eine ausgemachte Sache, daß man vermöge der Drechmaschine auf die leichteste Weise unabhängig von einer großen zum Dreschen mit den Händen erforderlichen Menge Menschen werde; daß man auch besonders beim Ausbringen der Körner weniger vom Diebstahl und von der Unordnung und Nachlässigkeit der Arbeiter zu besorgen habe. Aber dennoch muß das Ausdreschen mit den Händen hier ein nothwendiges Uebel bleiben, indem es bei der Organisation unsrer Wirthschaften eine Thorheit wäre, jenen Wintererwerb dem Taglöhnervolk zu entziehen.

Und wohl uns, daß dem so ist! Welchen nachtheiligen Einfluß könnte im entgegengesetzten Falle die Berücksichtigung des eigenen Interesse bei weniger Individuen auf das allgemeine Wohl der Staatsmenge äußern, wodurch ist Großbrittanien mit einer so ungeheuern Masse von Armen und untauglichen Mitgliedern der bürgerlichen Gesellschaft überschwemmt worden? Dürfen wir nicht dreist das Maschinenwesen als Urheber jenes Uebels erklären? Ist solches nicht ein Krebs, der unablässig nagend in den Eingeweiden des Staates zehrt?

Zum Handdreschen bedient man sich hier zwei Arten von Flegeln. Bei der einen, die in Angeln, der Probstey u. s. w. gebräuchlich, ist ein dickes Leder mit einem Nagel, der einen großen Kopf hat, an den Stiel befestigt, und ein starker Bindfaden oder Riemen (oft auch aus Aalhaut verfertigt, weil diese sehr zähe ist), welcher durch das Leder und mehrere Löcher im Schlägel gezogen wird, verbindet diesen mit jenem. Bei der andern Art ist die Kappe mit kleinen schmalen ledernen Riemen an den Schlägel befestigt, um den Stiel läuft ein Bügel, und durch diesen gehen ebenfalls Riemen, die Stiel und Kappe verbinden: beide Arten sind auch noch in Hinsicht der Schlägel sehr verschieden. Bei ersterer ist der Klöpfel rund, bei letzterer aber platt und mehr breit als dick.

Die hiesige Art mit Flegeln zu dreschen hat nichts Verschiedenes von dem anderswo gebräuchlichen Verfahren. Die Garben werden in zwei Schichten dergestalt einander gegenüber gelegt, daß die Aehren in der Mitte auf der Tenne einander entgegen liegen. Das nach dem ersten Dreschen folgende Wenden, Aufschütteln u. s. w. ist zu bekannt, als daß ich seiner weiter erwähnen dürfte.

Für die Verfertigung des Langschoofes oder Langstrohes wird den Dreschern besonders bezahlt; ein Drag gilt in hiesiger Gegend 10 bis 13 Gulden, im Eiderstädtischen kostet das große Hundert (120) 4 Gulden zu machen. Hier benutzt man das Langschoof blos zum Decken der Dächer, im Eiderstädtischen und den andern Marschen zum Deichen, d. i. zur jährlichen gewöhnlichen Ausbesserung der Außendeiche an den Stellen, wo sie in dem abgewichenen Winter Schaden genommen haben. Auch zum Forstsäumen der Häuser, oder zur Bedachung der obern spitzen Rücken beider Dachseiten oder des Forstes, wird der Schoof noch im Eiderstädtischen gebraucht.

Aus Winterkornstroh, das nicht recht zum Schoofmachen taugt, läßt man auf den Gütern sogenannte Klappen zusammenbinden, welche zu Häcksel dienen, für deren Verfertigung den Dreschern nicht besonders bezahlt wird. Diese Klappen sind mit zwei Bändern gebunden, anstatt daß der Schoof von einem Bande zusammengehalten wird.

Die Arbeit des Kornreinigens wird durch Wurfeln oder vermöge der Kornfege und Siebe bewirkt. — Das große, hier gebräuchliche Kornsieb ist von Eisendraht geflochten; die niedrigen dünnen Seitenstücke desselben sind von Föhrenholz. Oberhalb des Siebes ist ein Kasten mit einem Schieber, der nach Belieben mehr oder weniger geöffnet und geschlossen werden kann, so daß weniger oder mehr Korn herausfällt. Unten, an beiden Seiten des Kastens, sind zwei hölzerne Klötze, durch dieselben geht eine Stange oder ein Querholz, in dessen Mitte der eigentliche Fuß befestigt wird. Das Kornsieb wird gegen den Wind gestellt, und ist so eingerichtet, daß aller Staub, Unkrautsaamen u. s. w. zugleich mit den kleinsten Getreidekörnern durchfallen kann. Es ist steiler und schräger zu stellen, je nachdem das Korn schneller oder langsamer herunterlaufen soll. Das kleine schmale Korn, welches beim Sieben durchfällt, und dicht hinter dem Siebe liegen bleibt, wird auch öfters zum zweiten Male durchgesiebt, und dann dem Federviehe verfuttert.

Die hier übliche Kornfege oder Staubmühle besteht aus einem ungefähr 6 Fuß langen, 5 Fuß hohen und 2 Fuß breiten Kasten von Föhrenholz, welcher auf 4 Füßen ruht, und oben einen großen viereckigen hölzernen Trichter hat, in welchen das zu reinigende Korn geschaufelt wird. Aus diesem Trichter fällt solches, nach Erfordern schneller oder langsamer, durch ein sich hin und her bewegendes Sieb, und von da auf ein schräg stehendes, in der Mitte ebenfalls mit einem Siebe versehenes Brett hinter der Staubmühle nieder, von wo es gereinigt und zurückgeschaufelt wird; denn während das Korn durch das sich hin und her bewegende erstere oder obere Sieb herabfällt, werden die inwendig im Kasten an einer kleinen Welle sich befindenden 4—6 Windflügel von dünnen hölzernen Brettern, welche die Weite des Kastens ausfüllen, vermittelst eines Handgriffs an der Welle, von unten nach oben dergestalt umgedreht, daß der dadurch entstehende Wind den leichten Unrath von dem Getreide nach vorne zu wegbläst, der schwere aber durch das im schräg stehenden Brette befindliche Sieb von dem Getreide abgesondert wird.

Diese Art Staubmühlen ist die gebräuchlichste. Man hat sie hier aber auch noch viel komplizirter und zum Theil sehr sinnreich dergestalt eingerichtet, daß sie die Reinigung des Getreides auf's vollkommenste bewirken. Dies geschieht hauptsächlich durch Einrichtungen, welche auf Vermehrung und Verstärkung des Windes wirken, durch Anbringung mehrerer Siebe von verschiedener Art und deren Bewegung während des Stäubens, wodurch nicht nur die Reinigung des Getreides u. s. w. von allem möglichen Unrathe, sondern auch die Sonderung der unvollkommenen, kleinen und schrumpfligen Körner von den guten und vollkommenen dermaßen bewerkstelligt wird, daß in dieser Hinsicht fast nichts zu wünschen übrig bleibt. — Eine gute und zweckmäßige Staubmühle ist in jeder Wirthschaft von sehr großem Nutzen.

Das gereinigte Getreide wird zur vollständigeren Austrocknung und weiteren Aufbewahrung hier gemeiniglich nur auf die sogenannten Kornspeicher und Böden gebracht. Man schüttet es daselbst anfänglich, da die Körner noch viele Feuchtigkeit in sich haben, nur in flachen Beeten aus, und trägt dafür Sorge, daß die über dem Fußboden, an den Seitenwänden oder in dem Dache angebrachten Luftlöcher, nach Umständen bei günstiger trockener Witterung geöffnet, und bei regnichter geschlossen werden. Der unmittelbar über dem Getreide wegstreifende Luftzug befördert nicht allein das Trocknen der Körner sehr, sondern sichert auch am besten vor den Kornwürmern. Das hiergegen dienende zweite probate Mittel, ein fleißiges Umstehen, wird gleichfalls in der ersten Zeit genau beobachtet, so wie er denn auch den Boden fleißig nachsieht, ob derselbe irgendwo schadhaft geworden sey.

Gegen die verschiedenen Arten von Insekten, welche oft so vielen Schaden auf den Kornböden anrichten, ist man hier im Ganzen genommen gleichgültig. Es thäte wohl nöthig, daß unsere Landwirthe mehr darauf sännen, sie zu vertilgen. Auch die Ratten und Mäuse treiben noch immer ziemlich ungestört ihr Unwesen, welches um so mehr Wunder nimmt, je probatere Mittel in den letzten Decennien zu ihrer Vertilgung erfunden und bekannt gemacht sind.

Das Aufbewahren des Getreides in Kasten ist hier nicht gebräuchlich. Auch hat man keine Idee davon, wie man das Korn unter der Erde, oder in Erdgruben aufbewahren könne.

Funfzehnter Abschnitt.

Die Wiesenkultur.

Wenn noch vor mehreren Decennien das Vorhandenseyn oder Fehlen von Wiesen und den Anschlägen Schleswig-Holsteinischer Landgüter gar wenig berücksichtigt wurde, und die meisten Wirthe über diesen Artikel bei Kauf- und Pachtanschlägen sehr leicht hinweggingen: so erkennt man dagegen nunmehr die Wichtigkeit einer guten Wiesenkultur bei uns immer mehr, und hat durchgehends in ihr wichtige Fortschritte gemacht. Die Wahrheit des Satzes: daß eine möglichst vervollkommnete Fläche Wiesen einen weit größeren Werth habe, als ein gleiches Stück des besten Feldes, leuchtet uns immer mehr ein, und wir wissen sehr wohl, wie viel sicherer eine gute Wiese im Ertrage sey als ein Acker, und wie viel weniger Kulturkosten sie erheische.

Wir klassificiren unsere Wiesen in hohe und niedrige, in natürliche und künstliche, in salzige und süße, in Moor- und Gartenwiesen. Unter hohen Wiesen begreift man hier solche, welche einen Boden haben, der mehr trocken als feucht ist, und welcher sich seines Humusgehaltes halber wohl auch zum Getreidebau eignete, worauf aber Futterkräuter wachsen, die die Natur ohne Zuthun der Menschen darauf hervorgebracht hat. Niedrige Wiesen bestehen in einer Strecke Landes, welche niedriger als das herumliegende Feld ist, und nicht eigentlich zum Getreidebau angewendet werden kann. Beide Arten werden auch, weil die Natur Gras und Futterkräuter von selbst darauf hervorbringt, natürliche Wiesen genannt. Künstliche Wiesen nennt man hier, ohne gerade zu unterscheiden, ob ihnen blos durch Kunst der Feuchtigkeitsgrad, welcher sie zu Wiesen qualificirt, gegeben worden, im gemeinen Leben alle diejenigen, welche mit Futtergräsern und Kräutern, wie z. B. verschiedene Kleearten, Raygras u. s. w. besäet wurden, die von selbst nicht darauf wachsen würden. Salzige Wiesen heißen solche, die am salzigen Wasser, oder mittelbar oder unmittelbar am Meere liegen, und zu gewissen Zeiten von dessen Wasser überschwemmt werden. Wir sind, der Lage unserer Lande wegen, reich daran. Die übrigen Wiesen werden im Gegensatz süß genannt. Moorige Wiesen haben einen moorigen, mit brennbaren Pflanzentheilen, mit Vitriol- und Schwefelsäure durchdrungenen Grund. Auch sie kommen häufig vor. Der Gartenwiesen-Boden endlich ist mehr schwärzlicher Natur, und mit schwärzer Erde und Sand vermischt.

Um den Wiesen den möglichst höchsten Ertrag abzugewinnen, sucht man sie hier hauptsächlich auf vier verschiedene Weisen, deren Anwendung von der natürlichen Beschaffenheit derselben bestimmt wird, zu vervollkommnen.

Das erste Meliorationsmittel ist das Bewässern, welches vor allen andern da, wo es irgend möglich zu machen ist, am liebsten angewandt wird. Der erste und natürlichste Zweck dieses Geschäftes ist: den Wiesen neue nährende Stoffe, welche nach einer natürlich-chemischen Zersetzung wieder in die Graspflanzen übergehen, zuzuführen. Das Bewässern hat aber auch die wohlthätige Folge, daß die in dem Boden stekkenden Nahrungstheile auflöslicher und flüssiger gemacht, und so den Pflanzen zum Ansaugen zugeführt werden. Drittens endlich wollen unsere Landwirthe auch den in der Grasnarbe so geschlossen stehenden Pflanzen, deren Wurzeln sich so mannigfaltig durchkreuzen, und zur Sommerszeit gierig jeden Tropfen Wasser an sich saugen, durch das Bewässern eine wohlthätige Erfrischung und Tränkung geben.

Möglichst frühe im Herbste, und sobald die Nachmahd von den Wiesen geholt worden, stellt der bessere Wirth seine Wässerungen jedes Mal in den Stand. Er öffnet die Wassergraben, stößt die Maulwurfshöhlen zu, kurz er vernachlässigt nichts, was seinen Einsichten nach für die Wässerung von Vortheil seyn könnte.

Am liebsten bedient man sich zum Bewässern des Bach- und Regenwassers, welches nicht allein von Luft und Sonne gehörig erwärmt ward, sondern welchem auch mannichfaltige Fetttheile, Salze u. s. w., welche den Graspflanzen äußerst zuträglich sind, zugeführt wurden.

Obgleich der umsichtigere Theil unserer Wirthe dahin sieht, daß er das Bewässern zur rechten und zweckdienlichen Zeit vornehme: so ist es doch nicht zu leugnen, daß im Allgemeinen in dieser Rücksicht noch manche Mißgriffe bei uns gemacht werden. Viele Wiesenbesitzer habe ich noch wässern sehen, wenn sie vermuthen konnten, daß die Grasnarbe unmittelbar mit einer Eisdecke überzogen werden dürfte; oder sie vollführten das Geschäft gleich nach der Heuernte, staueten das Wasser über feuchte und nasse Wiesen u. s. w. Nichts ist begreiflicher, als daß die Wiesenkräuter unter dem Eise, wo nebenher die Narbe auch des wohlthätigen Einflusses der Natur, besonders des Schneesalzes entbehren muß, leicht absterben. Wer zum andern die Wiese nicht acht bis zehn Tage nach der Heuernte trocken stehen läßt, darf sich gewiß gewärtigen, daß die Grasstoppeln nicht absterben, sondern fortgrünen, und dem jungen Graswuchse unnöthiger Weise die nöthige Kraft entziehen. Und was nun endlich das Bewässern feuchter und nasser Wiesen betrifft: so kann man nicht weniger gewiß seyn, daß man dabei seinen Zweck völlig verfehle.

Die leichte oder schwere, die süße oder saure, die nasse oder trockne, lehmige, lettige, oder mit Vegetabilien untermischte, die sandige und kreidige Beschaffenheit des Bodens, seine hohe oder tiefe Lage muß bestimmen, in wiefern die Wiesen mehr oder weniger bewässert werden dürfen. An sich feuchte, sumpfige Wiesen müssen sehr vorsichtig, und so lange sie nicht vollkommen kultivirt sind, gar nicht bewässert werden.

Auch über die Art, wie durchgehends im Schleswig-Holsteinischen das Wässern vorgenommen wird, läßt sich unstreitig noch immer manches sagen. Es läßt sich sicher annehmen, daß man da, wo Mißgriffe in Betreff derselben geschehen, sicher den eigentlichen Zweck des Wässerns noch nicht gehörig kenne. Wie wäre es sonst möglich, daß manche Wirthe ihre Lust daran fänden, das Wasser gewaltsam auf die Grasnarbe hinströmen, es demnächst aber vielleicht ungehindert stehen zu lassen? — Nur einzeln sieht man darauf, daß die Seitenwässerungen waagerecht angelegt, und keine Einschnitte darin gemacht werden, damit das Wasser überall gleich hoch und stark übertrete, und sanft und ruhig auf die Grasnarbe hinrinne. Allein hierdurch erhält diese den gebührenden Gewinnst von dem Bewässern, und es ist meinen Landsleuten zu wünschen, daß sie endlich von ihrer fehlerhaften Methode ablassen. Auch die Gleichgültigkeit, welche sie gegen das Stehenbleiben des Wasses hegen, ist mir von keher eine Art Grägel gewesen; möchten sie doch endlich zu der Einsicht kommen, daß die Ueberfüllung der Graspflanzen mit Feuchtigkeit eine Stockung der Säfte erzeuge, die der Vegetation schnurstracks entgegen ist. Bei dieser sollen doch auch Luft und Sonne einwirken, die von der Graspflanze eingesogenen Stoffe zu verdünnen und zu verarbeiten, Gase aus dem zugeführten Dünger mit zu erzeugen; und wie kann das geschehen, wenn die Graspflanzen lange und anhaltend unter Wasser stehen? Müssen sie da nicht vergehen, und die Wiese dünngrasig werden und versauern?

Ein zweites von umsichtsvollern Landwirthen angewandtes Mittel zur Wiesenbesserung ist das Entwässern, welches auf sumpfigen Wiesen Statt findet, und hier die erste Melioration seyn muß. Die Anlegungsart der Entwässerungsgraben wird bedingt von der örtlichen Beschaffenheit der Wiesenfläche, worauf nach dem Begraben noch häufig Vertiefungen vorkommen werden, die ein fleißiger Wirth sorglich zu ebenen sucht. Hie und da habe ich von der spätern Berieselung entwässerter Wiesen die wohlthätigsten Folgen gesehen; wo man aber das Berieseln nicht bewerkstelligen konnte, und anstatt dessen Erde und Sand als Dünger auffuhr, erfreute man sich gleichfalls bald eines herrlichen Futtergewinnes von solchen Strecken, welche in ihrem sumpfigen versauerten Zustande vorher gar keinen Ertrag brachten. Dieses Auffahren von Erde und Sand ward indessen immer progressiv vorgenommen: so bildete sich eine neue Oberfläche, und gute Kräuter vertreiben allgemach die sauren und schädlichen.

Die Düngung der Wiesen ist eine Verbesserung, welche leider in unseren Landen am wenigsten angewandt wird, so erfolgreich solches auch für trockene Wiesen, oder solche, die nicht bewässert werden können, befunden worden ist. Unser Düngerwesen liegt noch in der Kindheit, und nur in wenigen Wirthschaften kann man es möglich machen, den Wiesen einigen kurzen Mist, fette Erde, Kehricht, Jauche u. s. w. zukommen zu lassen. — Die Asche ist hier als Wiesendüngmittel noch fast völlig unbekannt. Aus Erfahrung weiß ich, daß sie das vortrefflichste Düngmittel für alle Gewächse und Pflanzen liefert, besonders aber für Wiesengräser und Kräuter. Der rothe Wiesenklee, welcher auf magern Wiesen fast ganz unterdrückt ist, wächst darnach ganz vortrefflich, dergestalt, daß man glauben sollte, der Saame sey ausgesäet worden Auch das Moos vertilgt die Asche, und giebt dem Wiesenfutter, vermöge seiner Salztheile, welche in die Pflanzen übergehen, einen besonders guten Geschmack. — Unsere Landwirthe achten auf das Sammeln der Asche wenig, weil sie ihre wohlthätigen Kräfte nur wenig kennen; bei vielen herrscht auch wohl das Vorurtheil, daß sie nur auf ein Jahr wirke. Die Erfahrung hat gelehrt, daß dieses nicht der Fall ist, indem sie ihre Wirkung während drei Jahre fortäußere. Am nachhaltigsten scheint die Asche von Buchen- und Eichenholz zu wirken; und selbst die beim sogenannten Büken entlaugte Asche enthält noch einige Kraft, und ist immer noch zum Düngen der Wiesen zu gebrauchen. Vorsicht und Sorgfalt beim Aschestreuen auf den Wiesen ist aber sehr zu empfehlen; das Geschäft ist am besten bei stillem und etwas regnichtem Wetter im April vorzunehmen. Die Asche muß gehörig zertheilt, und nicht zu sparsam gestreuet werden. Sechs Säcke auf eine holsteinische kleine Tonne, oder 240 Quadratruthen, ist schon eine recht gute Düngung.

Noch viel wohlthätiger als die Asche wirkt der Ruß, ein hier gleichfalls sehr wenig beachtetes Wiesendüngmittel.

Allerdings ist (was aber doch nicht als Entschuldigung des Nichtgebrauchs gelten kann), der Gewinn an Ruß nicht bedeutend, aber wenn wir ihn in unseren Haushaltungen, beim Fegen der Schornsteine und Oefen sorgfältig sammeln, und in Kasten an einem trockenen Orte aufbewahren, so wird er doch immer einen nicht zu verachtenden Beitrag zur Wiesendüngung abgeben können. Nicht sowohl von der Menge, sondern von der Güte hängen ja die vom Dünger zu erwartenden Wirkungen ab. Die bituminösen oder erdharzigen Theile, welche der Ruß enthält, geben ihm wegen ihrer wohlthätigern und dauerndern Wirkung auf den Wachsthum der Wiesenpflanzen einen sehr großen Vorzug vor der Asche. In der neuesten Zeit sind mit der Gypsdüngung einige wenige Versuche gemacht worden. Das Resultat davon war: daß sie, gleich der Düngung mit Asche, hauptsächlich den Kleewuchs beförderte, und dies um so mehr, je trockner die Wiesen waren; auch auf eine moosige Grasnarbe schien sie vortheilhaft zu wirken.

Sogenannter Schaufelmist, d. h. Stubenkehricht, und der vom Hofplatze abgeschaufelte erdige Mist, ist im Grunde noch der vorzüglichste Dünger, den unsere besseren Wirthe ihren Wiesen zufließen lassen. Ihnen kurzen Mist zu spenden, dazu entschließen sie sich nur selten. Wo es Statt findet, fährt man auch nur Kuhmist auf; Pferdemist hält man für zu hitzig; gegen den Schweinemist hat man dies: daß er viele Würmer erzeuge; auch soll der Maulwurf gierig darnach seyn. Schaaf-, Hühner- und Taubenmist sind Dungarten, worauf bei der Einrichtung unserer Wirthschaft wenig zu rechnen ist. Der Mist des Geflügels bleibt wohl auf manchen Höfen oft mehrere Jahre zusammen liegen, wodurch er sich, da sich während des Sommers Würmer in ihm einstellen, selbst verzehrt. Im übrigen bin ich der Meinung, daß man auf Wiesen sich nicht viel von der Düngung mit Geflügelmist zu versprechen habe. (?)

Modder leistet wohl bessere Dienste, und wird im Schleswig-Holsteinischen auch mehr angewandt. Zu wünschen ist es aber noch, daß man sich überhaupt mehr Mühe gebe, fette Erde für die Wiesen zu sammeln, besonders diejenige, welche bei Aufräumung der Wallgräben gefunden wird. Wenn diese, gleich dem Modder, dem Froste ausgesetzt, demnächst zerkleinert und auf die Narbe zertheilt wird: so wird man immer darnach schönes, süßes, wenn auch gerade nicht großes und sehr fettes Gras wachsen sehen. Nur nicht jedes Jahr ist diese Erddüngung zu wiederholen, indem sonst der Keim der Grasnarbe leicht erstickt wird. Die Düngung der Wiesen mit Jauche wird nur da betrieben, wo gerade das Lokal gestattet, daß diese ohne Mühe von der Miststätte nach der Wiese geleitet werden kann. An einem anderen Orte habe ich mich über diesen Gegenstand schon ausführlicher ausgesprochen, und bemerke hier nur, daß die Schwierigkeiten, welche man bei uns mit der Anschaffung und Gebrauch eines Jauchewagens verbunden glaubt, zum größten Theile nur eingebildete sind. Fast in allen benachbarten Ländern hat der Landmann sich von dem großen Nutzen dieses Düngemittels überzeugt. Nur wir bestehen eigensinnig auf unserer vorgefaßten Meinung, ob wir gleich täglich im Felde, bei Bemerkung der Stellen, wo bei regnichtem Wetter die Misthaufen gelegen haben, oder wo das Zugvieh bei dem Pflügen seinen Urin hingegossen hat, uns gestehen müssen, daß wir uns irren.

Manche suchen viertens ihre Wiesen dadurch zu verbessern, daß sie dieselben aufbrechen, und einige Jahre zum

Fruchtbau benutzen. Von unsern bessern Wirthen geschieht dies jedoch nur mit gehöriger Berücksichtigung der Kraft des Wiesenbodens, und der Festhaltung des Zwecks beim Aufbruch solchen Landes, welcher meist ja nur dieser ist: daß Gras und Moos in Fäulniß übergehen, und in Humus sich verwandeln lassen. Sehr tadelnswerth ist es unstreitig, sich nach einigen guten Ernten, welche man von umgepflügtem Wiesenlande gehabt hat, verleiten zu lassen, noch mehrere Früchte ohne Dünger herauszunehmen, von welchem fehlerhaften Verfahren die unausbleibliche Folge meistens ist, daß die Wiese ausgesogen und kraftlos, und in einem schlechtern Zustande als sie vorher war niedergelegt wird.

Mir gefällt die Methode am besten, da man das Wieseland nur ein Mal mit Winterkorn bestellt, sodann noch eine Hafersaat davon nimmt, und sie mit Klee ausliegen läßt. Nur habe ich dabei zu erinnern, daß man auf die Mischung des Kleesaamens mit anderen Wiesengrassaamen Bedacht nehme, wodurch unstreitig die Wiese an Güte gewinnen würde. Je verschiedener die Pflanzensorten auf den Wiesen sind, desto weniger hat man einen bedeutenden Abschlag in der Futterernte zu gewärtigen, indem das eine Gewächs in diesem, das andere in jenem Jahre besseres Gedeihen hat, und mehr Heu giebt. Jenes Verfahren, wo man von einer umgebrochenen Wiese mehrere Ernten nach einander nimmt, kann nur in dem Falle gebilligt werden, wenn die bestehende Organisation der Feldwirthschaft, oder sonst ein wichtiger Umstand es einmal nothwendig erheischt, oder wenn es in die Augen fallenden Vortheil bringt, nur muß dem Boden dann auch schlechterdings die ausgesogene Kraft durch Auffahrung verrotteten und kräftigen Düngers wieder zugewendet werden, sonst kommt man dabei immer zu Schaden.

Dies wären denn nun die vier hauptsächlichsten Meliorationsmittel für die Wiesen, so wie sie hier angewendet werden. Es bleibt uns jetzt, und bevor wir uns mit der Heuernte beschäftigen wollen, noch übrig, einige Worte über die beim Wiesenbau vorfallenden kleineren Geschäfte zu sagen.

Das Wühlen der Maulwürfe sucht man durch Ebnen ihrer Aufwürfe unschädlich und selbst nützlich für die Wiesen zu machen. Wird die Erde gut ausgestreuet: so gewährt sie der Narbe eine angenehme Erfrischung, und man sieht das Gras üppiger darnach wachsen. Im Frühjahr sieht man jeden sorglichen Wirth mit seiner Wiesenschleppe auf die Wiesen ziehen, um sie zu ebnen. Daß mit diesem Instrumente die Vertheilung der Maulwurfshügel nur mangelhaft geschehen kann, läßt sich allerdings nicht läugnen, denn es schiebt die Haufen nur ein wenig vor sich hin, drückt die Erde nieder, oder vertheilt sie mangelhaft; indeß ist das Streuen derselben mit Schaufeln oder Harken doch zu kostbar, und ich glaube nicht, daß die Beschaffung desselben durch Weiber sich bezahlt mache. Nur dann glaube ich, daß letztere zu empfehlen wäre, wenn das Gespann auf den Saatfeldern durchaus nicht abgemüßigt werden könnte. Mit dem Ebnen der Maulwurfshaufen wird hier zuweilen das Eggen der Wiesen verbunden, man bedient sich dazu einer mit scharfen Dornen durchflochtenen Egge. Dieses Eggen hat den Nutzen, daß es vermöge der Aufritzung des Bodens das Gedeihen der Wiesenpflanzen befördert, indem es der Atmosphäre einen freien Zutritt verschafft, und erfrischend Erde an die Gräser und Kräuter bringt.

Veraltete Ameisenhaufen oder Erdeknollen abzustechen, bedient man sich bei uns nur des Spatens. Leider ist der sogenannte Wiesenhobel hier völlig unbekannt. Wollen wir auch zugeben, daß er nicht allenthalben anwendbar ist, so würde er doch gewiß auf unsern Gütern sehr passend zu benutzen seyn.

Hinsichtlich der Reinigung der Wiesen vom Unkraut sieht der umsichtsvolle Wirth vorzüglich dahin, daß beim Mähen derselben die Grabenränder u. s. w. besonders sorgfältig abgehauen werden, widrigenfalls verbreitet sich von diesen aus leicht eine Menge Unkraut über die ganze Fläche. Ueber die sonstige Vertilgung schlechter Wiesenpflanzen werde ich bei einer andern Gelegenheit reden.

Dem Versenken oder Ausgraben von Steinen in den Wiesen widmet man hier leider nicht die gehörige Sorgfalt, obgleich ihr Nachtheil jedem Landwirthe in die Augen springt. Sie verhindern doch nicht allein das gute Mähen und Ernten des Wiesenfutters, sondern vermindern auch die Quantität desselben, indem sie vielen Raum wegnehmen, und den Bewässerungsanstalten Hindernisse in den Weg legen.

Unter den übrigen Fehlern, welche noch bei unserm Wiesenbaue Statt finden, muß ich hauptsächlich noch diesen erwähnen, daß man so unverzeihlich gleichgültig gegen das Einwurzeln von allerhand Gesträuche ist, welches nicht allein den Graswuchs sehr hindert, sondern auch manchem Ungeziefer Schutz und Wohnung giebt.

Die hier am häufigsten vorkommenden guten Wiesenpflanzen sind: Wiesenfuchsschwanz (Alopecurus praetensis), Wiesenrispengras (Poa pratensis und Poa trivialis), Wasserrispengras (Poa aquatica), Goldhafer (Avena flavescens), rother Wiesenklee (Trifolium pratense), weißer Klee (Trifolium repens), Melilothenklee (Trifolium melilothus), Wickenarten (Vicia cracca und Vicia sepium), der Hopfenklee (Medicago lupulina) und Schaafgarbe (Achillea millefolium).

Zu den minder guten gehören: Englisches Raygras (Lolium perenne), Schaafschwingel (Festuca ovina), Wiesenhafer (Avena pratensis), Kälberkropf (Chaerophyllum sylvestre), Schlüsselblumen (Primula veris), Quendel (Thymus serpillum), Wegericharten (Plantago lanceolato-media, major) u. s. w.

Zu den hiesigen schlechten und giftigen Wiesenkräutern sind vornämlich zu zählen: Schafthalm (Katzenstreet, Duwock u. s. w.), Equisetum-Arten, Hahnenkamm (Rhinantes cristagalli), die gelbe Wiesenkuhblume (Caltha palustris), der Reinfarren (Tanacetum vulgare), Binsen (Gunci), das Bilsenkraut (Hyoscyamus niger), der Stechapfel (Datura stramonium), der Wasserschierling (Cicuta aquatica), die Hundspetersilie (Aethusa cinapium), die Zeitlose (Colchicum autumnale).

Die Wiesen werden hier im Frühjahre unbehütet gelassen, später ein oder zwei Mal gemähet, und demnächst dem Viehe zur Ausweide gegeben. Daß man so ganz und gar nicht an die Frühjahrsbehutung denkt, mag wohl daher rühren, daß man hier fast gar keine Schaafe, sondern meistens nur Rindvieh hält. Das frühe Austreiben des letztern kann wohl nicht anders als schädlich für die Wiesen seyn, es wäre denn, daß diese vollkommen trocken und fest wären, und man sich die Mühe gäbe, die Mistfladen zu zertheilen; wohingegen das Behüten der Wiesen mit Schaafen im beginnenden Frühlinge in der Regel sehr vortheilhaft werden kann. Nicht allein ist solche Frühjahrsweide ihnen selbst sehr zuträglich, und die Schaafmütter geben reichliche Milch darauf: sondern sie befördern durch ein gleichförmiges Abfressen des Grases auch seinen Wurzelaustrieb sehr, vertreiben manche Insekten, und geben überdies noch dem Lande für ihre entwendete Nahrung ihren Dünger wieder. (?)

Der sorgliche Schleswig-Holsteinische Wirth sieht im Herbste nach der Heuernte dahin, daß kein Rindvieh auf die Wiese gejagt werde, wenn solche nicht mehr trocken ist, theils damit die Thiere durch den Genuß des nassen Grases und durch das Einathmen nasser Luft nicht erkranken, theils aber auch, damit sie die Grasnarbe nicht zertreten, und die Wässerungsgraben nicht verderben. — Der Anfang des Grasmähens wird gewöhnlich zu Johannis gemacht, oft einige Tage früher oder später, je nachdem die vorhergehende Witterung den Graswuchs befördert hat. Bis zur Rockenernte ist die Heuernte in der Regel bis auf die sogenannten Sichten, oder niedrigen Wiesen, zwischen den Kornfeldern, geendigt. Die bessern Oekonomen nehmen vor dem Anfang des Mähens Rücksicht: 1) Ob die meisten Grasarten ihren Wachsthum vollendet haben, und gelb zu werden, oder ihren Saamen, mithin ihre Kraft zu verlieren anfangen. 2) Ob sie, wenn sie den äußersten Zeitpunkt abwarten, Arbeiter genug haben würden, das Gras abzumähen und zu bearbeiten; indem sonst das letzte Gras zu viel an Güte verlieren, und die Heuernte sich in die Kornernte verziehen dürfte.

Den Anfang mit dem Mähen macht man hier gewöhnlich mit den hohen Wiesen oder mit dem Ackerlande, theils wegen der Natur der Gräser, die auf hohen Wiesen wachsen, theils weil das Gras wegen der Wärme und Trockenheit des Bodens geschwinder wächst und reif wird. Eine Ausnahme von der Regel machen wohl zuweilen solche Wiesen, die außerordentlich fett sind, und daher zwei auch wohl drei Mal gemähet werden können.

Der

Der Klee wird gemähet, wenn die meisten Blumen aufgebrochen sind. Man wartet aber hierin nicht zu lange, damit er nicht zu sehr an Kraft verliere, und beim Trocknen die Blätter und Blumen nicht abfallen.

Beim Mähen sieht ein guter Wirth sehr darauf, daß der Arbeiter seine Sense nicht in eine zu große Schwingung versetze, um die Schwadbalken zu vermeiden, welche nicht allein dem Nachwuchs des jungen Grases sehr schaden, sondern auch einen beträchtlichen Unterschied im Ertrage der Ernte verursachen. Auch das Stehenbleiben von Reihen höheren Grases zwischen den Hauen, welche man hier Kämme auch Judenbärte nennt, wird durchaus nicht gestattet. Wenn eine Wiese, die einen trockenen Boden hat, so gemähet ist, wie sie gemähet seyn soll, so müssen Haue und Schwaden kaum zu bemerken, und so eben seyn, als wenn sie mit der Scheere abgeschoren wären. Bei den hohen Wiesen oder dem Ackerlande setzt dies mehr Schwierigkeiten. Theils ist der Boden an sich nicht so eben, als in den niedrigen Wiesen, weil er ehedem gepflügt und umgerissen worden, theils befinden sich hier mehr Maulwurfs- und Ameisenhügel, wofür der Mäher sich in Acht nehmen muß, wenn er sein Werkzeug nicht gleich stumpf und schadhaft machen will. Grasmäher, die viel beschaffen und ihre Arbeiten gut machen wollen, wählen zu ihrer Arbeit gern die Morgen- und Abendstunden, zu welcher Zeit, wie sie sich ausdrücken, es am besten schneidet. Hat die Sonne an heißen Tagen alle Feuchtigkeiten ausgezogen: so knickt das Gras gern vor dem Schlage oder Haue ein, und der Mäher sieht sich genöthigt, das eingeknickte aber noch nicht abgesonderte Gras durch einen wiederholten Hau abzuschlagen.

Auf mehreren holsteinischen Gütern mähet ein Mäher täglich im Hoftag ein Pflug Landes, ungefähr 156 — 160 Quadratruthen. Dieses Tagewerk ist nur klein, er kann dabei die heißen Mittagsstunden zu seiner Ruhe nützen, und gleichwohl sein Tagewerk mit Gemächlichkeit verrichten. Ein Tagelöhner, der es sich sauer werden läßt, des Morgens früh und des Abends spät bei der Arbeit ist, kann ohne große Schwierigkeiten eine Tonne Aussaat Landes von 280 — 300 Quadratruthen bestreiten.

Auch nach den Grasarten gestatten unsere Wirthe einen Unterschied in Hinsicht des Mähens. Je weicher jene sind, desto leichter lassen sie sich abschneiden. Reiner Klee, dessen Halme, wie man es nennt, noch nicht stockig sind, läßt sich am leichtesten abmähen. Es findet sich aber hierbei gewöhnlich eine andere Schwierigkeit: wenn er groß gewachsen ist, so liegt er nämlich häufig etwas verwickelt durch einander, und die Masse des mit einem Haue abgeschnittenen Klees wird so groß, daß es dem Mäher schwer wird, sie fortzuschieben und ans Schwad hinzulegen. Man sieht hier abermals, wie sehr es bei der Oekonomie auf Lokalumstände ankomme, und daß ein Aufseher eine gute Beurtheilungskraft und eine gesunde Vernunft mitbringen muß, wenn er die Arbeiten beurtheilen und gute Rathschläge ertheilen will, sie abzuändern und zu verbessern. Die Bearbeitung des Grases, oder das sogenannte Heuen, Heusammeln, ist sehr verschieden. Man macht zuerst den Anfang damit, daß man zwei Schwaden, und wenn sehr wenig Gras vorhanden ist, auch wohl drei gerade zusammenharkt, und das, was in der Mitte zwischen den Schwaden hinter der Sense weggefallen, auch zugleich zusammenbringt. Einige nehmen diese Arbeit gleich nach dem Mähen vor, andere warten damit noch einen

Tag. Das letztere Verfahren halte ich für besser, weil das Gras, wenn es einen Tag in Schwaden liegen bleibt, in Schweiß, oder durch die Feuchtigkeit in Gährung kommt, wohin es doch gebracht werden muß. In einigen Gegenden, auch in den Marschen, wo das Gras dick und geil ist, beginnt man damit, die Schwaden auseinander zu werfen, und damit den ganzen Erdboden zu bedecken. Wir finden dies nicht so gut, theils weil durch das Ausbreiten an der Sonne zu viel von den besten öligen Theilen verfliegen, und sich dadurch auch wohl zugleich die Oeffnungen, woraus die wässerigen Theile herausgetrieben werden sollen, verschließen. In diesen zusammengeharkten Stücken nach der ersten Methode lassen es einige den Tag und die künftige Nacht über liegen, andere bringen es noch denselben Tag in kleine Höckel oder Diemen zusammen. Die letzte Methode ist unsrer Meinung nach die beste, weil man darauf bedacht seyn muß, die wässerigen Feuchtigkeiten aus den Halmen heraus zu treiben, damit sie nun von der Sonne desto geschwinder absorbirt, oder von dem Winde verjagt werden. Die Gährung wird am besten befördert, wenn ich eine Masse auf einen Haufen bringe oder zusammenpresse.

Bevor wir weiter gehen, dürfte es vielleicht nicht unzweckmäßig seyn, vorläufig einen vollständigen Begriff vom Heuen zu geben. Dieses hat die Absicht, die wässerigen Theile, die in jeder grünen Pflanze in einem mindern oder höhern Grade vorhanden sind, durch die Gährung aus dem Halme herauszutreiben, und sie von der Sonne absorbiren, oder von Winden verjagen zu lassen. Die Hauptheile, die in den Pflanzen vorhanden sind, bestehen in alkalischem Salze, Oel, Wasser und einigen Erdtheilen. Salz und Oel dürfen nicht davon getrennt werden, sonst hat das Heu weder Geschmack noch Geruch, noch eine nährende Kraft; das Wasser darf dagegen nicht zurückbleiben, sonst setzt es sich mit den übrigen Theilen in Gährung, greift die festen Theile an, und setzt diese in Fäulniß.

Diejenigen, die das Heu den ersten Tag nicht in Höckel oder kleine Haufen gesetzt haben, fangen am zweiten Tage die Arbeit damit an, daß sie, wenn der Thau sich verloren hat, also um 9 oder 10 Uhr Vormittags, die zusammengeharkten Schwaden — welche man hier Wreden, und an anderen Orten Rucken nennt — kehren. Dieses geschieht hier mit der Harke, und in der Marsch, wo das Heu dicker liegt, mit der Forke, welches besser ist, weil es sich damit leichter auseinander schütteln läßt. Die Art und Weise, wie dieses Kehren bewerkstelligt wird, läßt sich am besten durch das Anschauen lernen. Des Nachmittags wird es noch ein Mal gekehrt, und gegen Abend, ehe der Thau fällt, in kleine Höckel gesetzt. Diejenigen, die es gleich den ersten Tag in Höckel setzten, kehren den zweiten Tag dieselben um, und schütteln es ein wenig auf, damit der Wind durchstreichen, und die Sonnenstrahlen weiter hineindringen können. Diese haben überhaupt die Absicht, das Heu nicht wieder auseinander zu werfen, weil sie, wie es denn auch richtig ist, glauben, daß, wenn es immer den Tag über gegen die Sonne ausgebreitet ist, das alkalische Oel zugleich mit dem Wasser herausgezogen wird. Es verliert auch, wie der Augenschein offenbar darthut, an Geruch und Farbe, oder, wie man sich hier ausdrückt, es verbleicht.

Das dritte Tagewerk fängt wieder nach der alten Methode damit an, daß die Höckel nach verflogenem Thau auseinander geworfen, und Vor- und Nachmittags gekehrt werden. Des Abends werden die Höckel größer gemacht, so daß

3—4 nur einen ausmachen. Man muß jetzt vorzüglich auf die Witterung Acht geben, und das ausgeschnittene Heu, sobald Regen drohet, sogleich wieder in Diemen bringen; indem es nun so viel mehr an seiner Kraft verliert, je trockener es ist, wovon man den Grund selbst leicht finden kann. Diejenigen, welche das Heu nach der neuen Methode in Diemen trocknen, bringen drei Höckel in einen, schütten dasselbe wohl durcheinander, und suchen dem Diemen eine gute Form zu geben, so daß er nämlich eine ganz zirkelförmige Figur, einen kleineren Fuß, in der Mitte einen proportionirten Bauch und einen ganz spitz zulaufenden Kopf hat.

Ist das Wetter immer günstig, heiterer Sonnenschein und Wind gewesen, so fährt man hier in der Regel schon am vierten Tage etwas von dem Heue ein. Es kommt aber auch viel auf die Art des Heues, und wie reif es auf dem Halme geworden ist, an. Als Merkmale der Trockenheit sieht man hier an: den Farbeverlust, das verwelkte Ansehen einiger Kräuterblumen, z. B. vom weißen und gelben Klee und von der Ackerchamille (Anthemis arvensis) und der Hundschamille (Anthemis cotula). Eine andere Probe, ob das Heu trocken ist, besteht darin, daß man 6—8 Halme zusammen nimmt, sie mit beiden Händen umdreht, und darauf Acht giebt, ob es spröde ist, oder ob sich noch Saft spüren läßt.

Ist das Heu sehr kräftig: so trägt man Bedenken, es innerhalb fünf Tagen einzufahren. Beide, sowohl die an der Sonne, als die in Diemen trocknen, sind alsdann darauf bedacht, es in große Diemen zu fahren, die reichlich die Größe eines Bauerfuders haben, und es darin einige Tage ruhig stehen und es alsdann einfahren lassen. In den Marschen, wo das Gras mehr Säfte hat, trifft man diese sehr häufig an. Hier werden aber die Diemen so groß gemacht, daß sie wohl vier unserer Bauerfuder ausmachen. Wo die Umstände es nicht erfordern, sind große Diemen eine unnütze und verschwendete Arbeit. Müssen sie lange stehen, und besonders auf einem nassen Grunde, so verliert ein Theil des Heues offenbar von seiner Güte. Der Fuß der Diemen zieht bis zu einem Fuß Höhe die Feuchtigkeiten aus dem Boden an sich, und weil diese nicht wieder verrauchen können, so gehn sie in Fäulniß über, setzen Schimmel an, und geben dem Futter einen so übeln Geruch, daß es von keinem Viehe gefressen wird.

Um das Heu in große Diemen zusammen zu bringen, bedient man sich wohl eines sogenannten Wisbaumes, den man queer vor die Wrede legt, an beiden Enden und in der Mitte werden vier Reife, jeder von ungefähr 12 Fuß Länge befestigt, und an diese spannt man zwei Pferde, wie vor einen Wagen. Ein oder zwei Personen treten hinter dem Wisbaum nieder, während daß ein anderer ihn durch die Pferde fortschleppt. Das in Wreden liegende Heu schiebt sich auf diese Art in einen Haufen zusammen, und man fährt so lange fort, als die Pferde die Masse ziehen können, oder nachdem man glaubt, daß sie zu einem Diemen hinreichend ist. Sollen diese ganz groß seyn, so schleppt man auf dieselbe Art eine Masse von der entgegengesetzten Seite her; ist dies geschehen, so gehen die Pferde weiter. Aus dieser zusammengeschobenen Masse Heues formen nun die Handarbeiter einen Diemen nach der vorhin angegebenen Vorschrift. — Soll er groß und spitz seyn, und lange stehen bleiben, so steigt eine Person, nachdem er eine gewisse Höhe erreicht hat, hinauf, läßt sich das Heu hinauf geben, legt es zurecht, und tritt es nieder: je fester das Heu zusammenkommt, desto weniger darf man besorgen, daß es durchregnet. Haben die Diemen nur ein oder zwei Tage gestanden, so lagert sich das Heu von selbst. Ein Vortheil großer Diemen ist, daß sie nicht erst wieder auseinander geworfen werden dürfen; daß das Heu besser und in größerer Masse sich aufladen läßt, und auch unterwegs nicht so viel verloren geht. — Der rothe spanische oder polnische Klee, Trifolium pratense, erfordert eine besondere Behandlung, um ihn zu trocknen. Er enthält eine größere Menge Wassertheile als die Gräser, die nur sehr langsam verdunsten. Wenn man glauben sollte daß er trokken genug wäre, so ist oftmals noch so viel Wasser in den inneren Theilen enthalten, daß er, auf einen Haufen gebracht, solches ausschwitzt, die ganze Masse anfeuchtet, und in eine faulende Gährung bringt. Dagegen leidet er auch nicht die Behandlung wie die übrigen Gräser; die Blüthen und Blätter, welche am wohlschmeckendsten sind, brechen und reiben sich durch die geringste Berührung ab, und verlieren sich auf dem Acker. Auch kann er nicht vielen Regen vertragen, die Poren sind offener, und die festen Theile weicher als bei den Gräsern: darum verfliegen mit der Nässe gleich die besten öligen Theile, und das zurückgebliebene Stroh wird schwarz und stockig. Umsichtige gute Wirthe lassen also hier den Klee einen oder zwei Tage im Schwade liegen, bringen ihn dann gegen Abend in kleine Höckel; diese werden den anderen Tag, nicht in der Mittagshitze, sondern etwa gegen fünf Uhr des Nachmittags gekehrt. Den folgenden Tag bringt man zwei Höckel zusammen, nachdem man sie mit der Forke etwas aufgelockert hat, hiermit fährt man noch zwei bis drei Tage fort, und nach Verlauf von 8—10 Tagen, wenn die Witterung stets gut gewesen ist, läßt er sich ohne Bedenken einfahren. In den Marschen im Oldenburgischen fährt man oft schon am vierten oder fünften Tage nach der Mahd den Klee ein.

Heu und getrockneter Klee dienen dem Rindviehe, den Pferden und den Schaafen zur Futterung. Unsere umsichtsvollen Oekonomen nehmen daher beim Einfahren darauf Rücksicht, für welche Art Vieh sich dieses oder jenes Futter am besten eignet, damit es sogleich dahin gefahren werde, wo es verbraucht werden soll. Was für die Kühe am dienlichsten ist, wird in die Kuhhäuser, was die Pferde am liebsten genießen, über die Pferdeställe, und was den Schaafen gesund ist, über die Schaafställe gebracht. Der Klee ist nutzbarer und gesunder für Kühe, als Pferde. Das Schaaf liebt trokkene ausgedörrte Kräuter, wie z. B. Festuca ovina, Ackerschmielen und verschiedene Rispengräser, Poa compressa. Im Allgemeinen ist Ackerfutter für die Pferde am besten. — Die Ordnung in Ansehung der Wagen beim Einfahren des Heues ist wie bei der Getreideeinfuhr.

Der Aufseher im Felde muß dahin sehen, daß man sich beim Aufladen nicht zu lange Zeit nehme, weil sonst Unordnung und Verwirrung erfolgt. Er muß ferner darauf Acht geben, daß die Lader ihr Fuder nicht zu kurz machen, oder, wie man sich ausdrückt, nicht vorne und hinten zu sehr einziehen, weil ein so kleiner Wagen überhaupt nur wenig fassen kann. — Auch legen sie gewöhnlich die erste Lage über die Leitern zu schmal an, wodurch dann im Ganzen nur eine kleine Masse von Heu aufgeladen wird. Wenn das Fuder gebäumt ist, so muß der Harker gleich bei der Hand seyn, das an den Seiten desselben lose herumhangende Heu abzuharken, weil dieses sonst beim Nachhausefahren herunterfällt und verloren geht. Auch darf der Aufseher es nicht leiden, daß die Fuhrleute mit vollem Fuder zu stark fahren, indem durch das starke Stoßen und Schütteln des Wagens viel Heu verschleudert wird, ja selbst das ganze Fuder leicht umgeworfen werden kann. Die Harker endlich dürfen nicht aus den Augen gelassen werden, indem nichts schändlicher und unwirthschaftlicher aussieht, als wenn nicht rein geharkt ist.

Auf dem Fache richtet sich die Anzahl der Leute, die erfordert werden, das Heu bei Seite zu bringen, nach der Höhe des schon vorhandenen Vorraths. Einige lassen das Heu von vielen darauf herumgehenden Leuten niedertreten. Mir scheint dieses nicht nur ganz überflüssig, sondern auch nachtheilig: überflüssig, weil das Heu, wenn es gut hingelegt ist, sich nach einigen Tagen selbst setzt oder lagert, und Zeit hat, etwas mehr auszudampfen. Die beste Regel ist, jede Forke voll auseinander zu streuen, und oben eine ebene horizontale Fläche zu halten. Wenn es sich nach einigen Tagen gelagert hat, so ist unter dem Dache, so sehr man es auch dort hinuntergepfropft hat, wieder ein leerer Raum, zuweilen von 2 bis 3 Fuß. Dieser leere Raum muß, sobald neues Heu hinaufgebracht werden soll, wieder ausgefüllt, und gut niedergetreten werden. So trocken auch immer das eingefahrene Heu ist, so feuchtet es sich doch an, und kommt leicht wieder in Gährung. Man merkt das an der Hitze. Dadurch wird es nicht nur im Fache verdorben, sondern es entzündet sich auch leicht. Um dies zu verhüten, macht man eine oder mehrere Dampfgruben. Man setzt nämlich Anfangs eine Tonne auf den Boden, wo das Heu hingelegt werden soll, ungefähr in die Mitte. Nun wird das Heu bei der Tonne herum, bis zu der Höhe derselben gelegt. Nachher zieht man sie einige Fuß in die Höhe, und setzt dieses so lange fort, als der Heuhaufen reicht. So ist in der Mitte durch die ganze Heumasse eine Oeffnung bis an den Boden geblieben, die im Umfange der heraufgezogenen Tonne gleich ist. Aus dieser Oeffnung steigt zuerst, nachdem das Heu mehr oder minder Wassertheile in sich verschlossen hatte, ein ordentlicher Dunstkegel in die Höhe, der zuweilen so stark ist, daß lebendige Creaturen, die darüber gebracht werden, ersticken. An einigen Orten hat man auch die Gewohnheit, große Sandsteine zwischen das Heu zu legen, welche zuweilen kühlen und die Feuchtigkeiten an sich ziehen sollen.

Am Ende muß ich noch einer Methode zur Erhaltung des Heues erwähnen. Sie ist nicht neu, denn sie war den Römern schon bekannt, ist jetzt auch wieder an manchen Orten eingeführt, und will nur noch bei uns keinen Eingang finden: ich meine das Einsalzen des Heues auf dem Boden. Es hat manches, das es empfehlungswerth machen könnte, wenn die Erfahrung der Gesammtzahl unserer Landwirthe nur erst bessern Erfolg gezeigt hätte. Es ist nicht zu läugnen, daß jemehr Säfte in der Pflanze bleiben, desto schmackhafter sind sie. Auch läßt das Salz, in einer gewissen Menge, keine Gährung und Fäulniß zu, und erhält den Geschmack. Endlich muß man auch zugeben, daß es für gewisse Thiere, unter andern für Rindvieh und Schaafe sehr gesund und heilsam ist. Aber bei diesen Vortheilen ist zu untersuchen, ob nicht eine gar zu große Menge Salz dazu gehört, um das nicht gehörig gedörrte Heu vor Fäulniß zu bewahren, und ob es dann von der Beschaffenheit bleibt, daß das Vieh es genießen kann. Küchengewächse, grün eingesalzen, sind ja ungenießbar, wenn sie nicht vorher ausgefrischt werden. Aber gesetzt, alles dieses fände keine Schwierigkeiten, so muß man doch wohl vorher eine Berechnung darüber anstellen, ob nicht vielleicht die Kosten den Nutzen zu sehr überwiegen; eine Berechnung, die von jedem planmäßig handelnden Oeconom angestellt werden muß, so oft er von der gewöhnlichen Regel abgehen will.

Es ist uns auch bekannt, daß einige Oeconomen, wenn sie besorgt sind, daß ihr Heu auf dem Boden verderbe, dasselbe mit Rockenstroh vermischen. Dieses ist nicht ganz zu verderben. Man weiß es, daß das Rockenstroh unter allen das trockenste und kühlendste, und also geschickt ist, nicht nur einige feuchte Theile an sich zu ziehen, sondern auch die Hitze zu dämpfen. Dabei wird die Masse Heues gewissermaßen vermehrt, indem das Stroh viel von dem Geruch und Geschmack desselben annimmt, und also gern vom Viehe mit dem Heue zugleich verzehrt wird. Für Pferde, welchen das reine Heu, in großer Menge genossen, einen etwas schweren und kurzen Athem verursacht, wäre ein solches mit Rockenstroh vermischtes Heu vielleicht besonders zu empfehlen.

Die Größe der Heugewinnung ist sehr ungleich, welches nicht sowohl von der verschiedenen Cultur der Wiesen, als den Jahresläufen abhängt. Zwei auf einander folgende Jahre können sich hierin bis zur Hälfte ungleich seyn. Bei Aufführung der Wirthschaftsgebäude hat man aber fast immer nur auf den mittleren Ertrag, des Getreides sowohl als des Heues, Rücksicht genommen. Fällt nun die Heuernte ungewöhnlich gesegnet aus, so ist die Frage: was für eine Einrichtung soll man treffen, das Heu, welches die Gebäude nicht fassen können, aufzubewahren? In unsern Gegenden setzt man es gewöhnlich in großen Diemen von länglichter Figur. Daß diese Figur keinesweges die beste ist, weiß jeder, der nur etwas von den Vorzügen der Zirkelfigur gehört hat. Durch ein Oblongum setzt man immer eine ganze Seite den Winden und Regen aus, die aber bei der Rundung, sie mögen herkommen woher sie wollen, immer an den Seiten abstreisen. Dabei nimmt man auch oft noch so wenig Rücksicht, aus welcher Himmelsgegend im Herbste, Winter und Frühlinge die meisten Winde kommen. Sehr häufig habe ich daher solche Diemen gegen Westen an den Gebäuden in der Richtung von Norden nach Süden gesehen. Ein Verfahren, das offenbar gegen die gesunde Vernunft streitet. Die Diemen werden am vortheilhaftesten an der östlichen Seite der Wirthschaftsgebäude angelegt, und die runde Figur behält vor der länglichten immer den Vorzug.

Bei den Diemen hat man das Unbequeme, daß man sie nicht theilweise in's Haus nehmen, oder nach und nach verfuttern kann, theils weil die Witterung dies nicht zuläßt, theils weil es, wenn sie angebrochen sind, zu sehr einregnet. Um dieser Unbequemlichkeit abzuhelfen, bauet man auch in unserer Gegend auf den Höfen eine Art Gebäude, deren bewegliches Dach an vier oder mehreren aufgerichteten Balken, nachdem die darunter liegende Masse Heu hoch oder niedrig ist, hinaufgeschoben und heruntergelassen werden kann. Diese Gebäude nennt man Feimen und Heuschober, in unserer Gegend Vierruthenberg. Außer dem Nutzen, daß man das Heu nach und nach, wie es verfuttert wird, herausnimmt, hat ein solches Gebäude auch noch den Vortheil, daß es zu der Zeit, wenn es leer ist, und in den Jahren, wenn es gar nicht gebraucht wird, auseinander genommen, und theilweise in einem anderen Gebäude aufbewahrt werden kann. Eine Art derselben, die besonders in unseren Marschen gebräuchlich, ist von daher hier bekannt geworden.

Sechszehnter Abschnitt.

Torfgräberei.

Seitdem durch eine nachlässige und verschwenderische Forstwissenschaft der Holzmangel in manchen Gegenden immer fühlbarer geworden, hat man die Nothwendigkeit einer vorsichtigeren Torfgräberei mehr einsehen gelernt, und sich in Kenntniß von jenen Methoden gesetzt, welche der Ausländer bei Verarbeitung der Moorerde anwendet. Die vor ungefähr dreißig Jahren damit gemachten Versuche führten zu einem so günstigen Resultate, daß binnen einer kurzen Zeit das sogenannte Torfbacken in beiden Herzogthümern allgemein, und das Stechen dieser Erdart nur noch da beibehalten wurde, wo ihre Bestandtheile ein entgegengesetztes Verfahren offenbar verboten. Nunmehr fabrizirt man hier aus Moorerde, welche ehemals für ganz und gar unbrauchbar gehalten und zurückgeworfen ward, allenthalben den schönsten Torf: so machen z. B. die Landwirthe in Angeln, wo man fast durchgängig niedrige Stellen, alte Fischteiche, und die dort sogenannten Siege, wo vielerlei Arten Moorerde mit Sträuchern und Holz untermischt sind, findet, zum großen Theile aus Plätzen, die sonst nur wenig und schlechten Torf hergaben, einen nicht unbedeutenden Gewinn.

Die Zubereitung ist folgende: die Moorerde, die sich zum Torfstich nicht eignet, wird auf einen festen Grund oder untergelegte Bretter zu Haufen von zehn bis zwanzig Fuder, je nachdem Platz dazu vorhanden ist, mit Karren zusammen=gefahren. Ist sie zu steif, so muß sie mit Wasser begossen werden. Alsdann läßt man sie von Knaben, Ochsen oder Pferden treten, bis sie so zähe wird wie Lehm, den man auf den Ziegeleien gebraucht. Geschieht das Treten durch Thiere: so ist immer ein Arbeiter dabei, der die Erde zusammenschau=felt. Je mehr Arten von Moorerde unter einander kommen, desto besser wird der Torf. Wenn er nun recht zähe gemacht ist, welches in zwei Stunden geschehen kann, wird er in For=men wie die Mauersteine gestrichen, auf ebener Erde hinge=legt, und eben wie diese behandelt. Nach zwei bis drei Ta=gen, je nachdem die Witterung ist, werden die Soden aufge=kantet. Man kann dies daran versuchen, wenn die Soden so haltbar sind, daß die Auffantung geschehen kann. Wie=der nach etlichen Tagen werden sie auf die andere Seite ge=legt. Wenn sie dann ziemlich trocken geworden sind, setzt man erst zwei auf die trockenste Seite neben und so weit von einander, daß zwei andere wieder quer darüber ebenfalls auf die Kante, und dann einer eben so oben aufgesetzt werden kann. So sind in jeder Hucke fünf Soden, und so bleiben sie unangerührt stehen, bis sie völlig trocken sind. Man braucht sie nicht aufzustellen. Denn wenn die Witterung nur einigermaßen trocken ist: so können sie in vierzehn Tagen völ=lig austrocknen. Das Beste dabei ist, daß sie vom Regen nicht naß werden, weil sie glatt sind; denn wenn sie nur erst eine Kruste gesetzt haben, so schießt das Wasser ab, und sie ziehen keines wieder an, wie anderer Torf thut.

An anderen Orten werden die Torfe auch in Haufen aufgeriegelt; je größer die Riegel, desto besser trocknen sie aus.

Die Formen zu den Torfsteinen werden, wie die zu den Mauersteinen, 10 bis 11 Zoll lang, 6 Zoll breit, und $3\frac{1}{2}$

bis 4 Zoll dick gemacht, und zwar so, daß 3 Soden in der Breite und 4 Soden in der Länge neben einander kommen, die Form also 12 Fächer enthält. Es versteht sich, daß in der Form ein Zwischenholz von ¼ Zoll dick, oder von der Dicke des Randes der Form zwischen jedes Sodenpaar gesetzt ist. Buchenholz ist dazu am brauchbarsten. Ein geübter Streicher kann drei bis vier Großtausend in einem Tage streichen, wenn er, wie auf Ziegeleien der Gebrauch ist, früh mit Sonnenaufgang an die Arbeit geht. Für die Verfertigung von 1000 Torfsteinen zahlt man gewöhnlich 12—16 Schilling.

Auf die hier beschriebene Weise kann ein guter Landwirth aus seinem Moorboden, nachdem er solchen von Moor gereinigt hat, wenn er nur die oberste Sode von etwa 3 bis 4 Zoll dick zurücksetzt, und es hernach ordentlich pflügt oder gräbt, wenn ein wenig Dünger darauf kommt, das beste Haferland, und hernach die beste Heu- und Viehgrasung machen, da er vordem gar keinen Nutzen davon hatte. Es versteht sich von selbst, daß wo kein Wasserabzug ist, solcher befördert werden muß, den angrenzenden Nachbaren muß man freilich auch nicht zu nahe kommen.

Siebenzehnter Abschnitt.

Technische Gewerbe.

Branntweinbrennereien.

Der Flor, worin vor 12 bis 15 Jahren die Brennereien im Holsteinischen und Schleswigschen standen, hat bedeutend abgenommen. Die Brennereien auf den Gütern, welche nie ganz bedeutend gewesen, gehen immer mehr ein, und dermalen ist dieser Gewerbszweig fast nur in den Händen der Städter. Es scheinet nur dies, zumal in den jetzigen Conjunkturen, keine auffallende Erscheinung, wenn man die hier statt findenden lokalen Verhältnisse in Erwägung zieht. Nur da, wo die Entfernung großer Landgüter von den Städten und ihren Kornmärkten den Verkauf des Getreides erschwert; wo große Fruchtvorräthe durch Verwahrlosung ins Verderben gerathen, und nicht ohne starken Verlust zu Gelde gemacht werden können; wo in fruchtbaren Jahren die Menge des Obstes, auch selbst durchs Welken oder Backen nicht consumirt werden kann; wo endlich die Gegend jährlich eine gewisse Quantität Branntwein bedarf, ohne weitere Gelegenheit zu dessen Debit in entfernteren Gegenden zu haben: nur da entsteht — nach dem Ausspruche unserer ersten und erfahrensten Staatswirthe — der Fall, Brennereien im Kleinen und auf dem Lande zu errichten. Gegenden auf dem Lande, wo es nicht die Frage seyn könne, ob eine kleine Brennerei eben den Vortheil gewährt als eine große, sondern man blos den Zweck vor Augen haben müsse, den Hindernissen entgegen zu arbeiten, die der Landwirthschaft entgegen stehen, und die Erzeugnisse der Natur zu nutzen, die außerdem verloren gehen würden: kennen wir im Schleswig-Holsteinischen im Grunde gar nicht.

Holstein und Schleswig sind bekanntlich mit größeren und kleineren Städten sehr reichlich ausgestattet. Hier also, wo man die Materialien, als Getreide, Hefen, Fässer in Ueberfluß und in gutem Preise haben kann, wo der Absatz des Branntweins erleichtert wird, wo der Debit des Mastviehes nicht gehindert ist, weil in Städten die Fleischconsumtion allerdings größer ist als auf dem Lande, und endlich, wo man

Gelegen-

Gelegenheit hat, seinen Branntwein durch abermalige Umschaffung in feine Liqueure und Aquavite in doppelt höheren Werth zu setzen, machen sich große fabrikmäßige Brennereien bezahlt. Nur dann können einige dieser Vortheile auch auf dem Lande erreicht werden, wenn die Brennerei sich an der Landstraße befindet, wo dem vorbei fahrenden Fuhrmanne Gelegenheit gegeben wird, auf seiner Rückreise Branntwein zu laden; auch wenn diese Brennerei nicht sehr entlegen von einer oder mehreren Städten ist, wodurch der Debit des Mastviehes Erleichterung findet *).

Zur Anlage von kleinen Brennereien möchte ich, meines Theils, überall in keiner Gegend und unter keinen Verhältnissen besonders rathen, weil diese nicht viel weniger Kosten an Feuermaterial, Hefen, Gesindelohn, als große Brennereien bedürfen, und in Rücksicht des Ackerbaues kleine Brennereien noch weniger der Absicht entsprechen, weil sie durch den geringen Viehstand nicht so viel Dünger liefern können, als bei großen Brennereien möglich ist. Wie oft ist nicht bei einer großen mit Ackerbau und starkem Viehstande verbundenen Brennerei der Dünger der einzige Gewinn? (S. Neuenhahn am unten angeführten Orte.)

Die bedeutendsten Brennereien in beiden Herzogthümern befanden sich vordem im Amte Flensburg im Herzogthume Schleswig. Man zählte hier 150 Kornbrennereien, deren Ertrag jährlich auf 391,750 Thaler gerechnet ward, der damit verbundene Korn- und Viehhandel aber ein Kapital von

*) S. Neuenhahn's Maxime in seinem zwar oft bis zur Ermüdung weitschweifigen, aber in manchen Einzelnheiten doch sehr gediegenen und noch immer unübertroffenen Werke: Die Branntweinbrennerei u. s. w. 2 Bände. Erfurt 1811, bei G. A. Keyser.

958,800 Thaler jährlich in Umlauf setzte. Leider! haben sich schon seit längerer Zeit die Verhältnisse sehr geändert. Der Verlust, welchen die dänische Krone durch den Abtritt Norwegens erlitten, hat in seinen Folgen vorzüglich nachtheilig auf die gewerbliche Thätigkeit Flensburgs eingewirkt. Dermalen ist ein großer Theil der Blasen gänzlich eingegangen, und somit auch der Mastbetrieb von weit minderem Belange, wenn gleich immer nicht unbedeutend zu nennen. Schleswig, Apenrade, Kiel, Altona und mehrere kleinere Städte fabriziren verhältnißmäßig Branntwein, und der Verkehr damit macht eine der Hauptbranchen ihres Handels aus.

Trotz der ansehnlichen Kornbranntwein-Fabrikation in unsern Staaten findet noch immer eine bedeutende Zufuhr von Franzbranntwein statt. Es holt besonders Flensburg aus Bordeaux, Nantes und Rouen so viel, daß es viel umliegende Provinzen in und außerhalb Dännemarks damit versehen kann. Es müssen aber Fremde, die ihn bringen, 20 Reichsthaler Zoll vom Fasse abgeben, und die Einheimischen, die ihn holen, 13 Reichsthaler.

Brauereien.

Von diesen gilt hinsichtlich ihres Standplatzes dasselbe, was von den Brennereien gesagt worden ist. Sie sind sämmtlich in die Städte verlegt; nur in bedeutenden, mit Ackerbau verbundenen ländlichen Gastwirthschaften, findet mitunter ein ausgebreitetes Brauwesen statt. Auf den Gütern wird auch nur zum Theil zum eigenen Bedarf gebrauet; es ist dieses recht schlimm, und überhaupt zu bedauern, daß dem kleinen Manne nicht Gelegenheit gegeben wird, sich ein gutes und wohlfeiles Bier zu verschaffen. Daher denn auch das täglich mehr Ueberhandnehmen des Branntweintrinkens!

Das Bier, welches in unsern Städten gebraut wird: ist nur zum Theil zu loben. Berühmt ist das Schleswiger, das Eutiner Weitz- und das Altonaer Schmal-Bier. Legte man sich mehr und mit größerem Fleiß auf die Fabrikation von Weitzenbier: so würde wohl auch den Brauern durch die Weinhändler kein so bedeutender und immer mehr zunehmender Abbruch im Absatz der Waare geschehen. Die Bereitung guten schmackhaften Bieres scheint im Schleswig-Holsteinischen fast ein Arkanum zu seyn, das nur in wenigen Händen ist.

Ziegeleien.

Man hat deren sehr bedeutende, hauptsächlich im Schleswigschen, welche eine besonders allgemein anerkannte gute Waare liefern. Unter andern werden die Ekenfurder Mauersteine und Dachpfannen in entfernten Gegenden gesucht, und weit und breit verschifft. Dergleichen Institute scheint es selbst an direkten Aufmunterungen von Seiten der Krone nicht zu fehlen.

Achtzehnter Abschnitt.

Teichwirthschaft.

Die Teichfischerei ist eine der ältesten Einrichtungen der holsteinischen Landwirthschaft. Aus Dokumenten des vierzehnten und funfzehnten Jahrhunderts ergiebt sich schon, daß die Mönche unserer nunmehr in Vergessenheit gerathenen Klöster zu Ahrensbök, zu Cismar und Meinfeld u. s. w. sehr wohl mit der Teichfischerei bekannt gewesen, und die Wichtigkeit derselben gehörig gewürdiget haben. Auf gar vielen holsteinischen Gütern war diese Nutzung sehr beträchtlich; wenn wir gleich annehmen müssen, daß sie auf die ganze Einrichtung der Oekonomie wohl keinen sehr bemerkenswerthen Einfluß haben konnte, da das Verfahren, die Teiche abwechselnd zur Fischerei und zum Kornbau und Wiesenwachs zu benutzen, höchst wahrscheinlich erst eine Erfindung späterer Zeiten ist.

Es sind noch nicht viele Jahre verflossen, seitdem die Teichfischerei in unsern Landen abgenommen hat, und weniger häufig geworden ist. Erst nach der Bemergelung unserer Felder, vermöge welcher dem Grund und Boden ein bisher nie gekannter Ertrag abgewonnen ward, und nachdem der Rapsbau bei uns in Aufnahme gekommen, glaubte allgemein ein nicht kleiner Theil unserer Landwirthe, dem Lande, welches zu Fischteichen niedergelegt war, einen weit größeren Ertrag abgewinnen zu können, wenn er solchen für beständig zum Kornbau benutze; um so mehr, da die Karpfen im Preise fielen, dahingegen aber die Feldgewächse, vor allem der Raps, für deren Anbauer immer belohnender wurden.

Wie jeglicher Zweig der Oekonomie, so kann auch die Teichwirthschaft recht nettes Geld einbringen, wenn dieselbe nur gehörig eingerichtet und fortgeführt wird. Es ist eben so verkehrt, jede alte Pfütze oder Niederung, wo nur der Zusammenfluß von einigem Wasser statt findet, zu Teichen zu machen, als die besten Wiesen seines Gutes, Behufs derselben, vollzustauen. Auf welche Art und Weise eine Strecke Landes am vortheilhaftesten zu benutzen, und den mehrsten Reinertrag geben kann: das muß von jedem Oekonomen stets mit genauer Berücksichtigung der bestehenden wirthschaftlichen Verhältnisse, Lokalitäten und allen kleinen Nebenumständen wohl kalkulirt, balanzirt und geprüft werden, bevor er dieses oder jenes auf den Grundstücken unternimmt. Wer nur, so zu sagen, in den blauen Dunst hinein arbeitet, wird zuversichtlich, mit weniger Ausnahme, alljährlich ein sehr merklicheres Defizit, als andere Landwirthe, in seiner Einnahme gewahr werden.

So wie der Landmann im gemeinen Leben von gutem, mittlerm und schlechtem Boden spricht, so lassen sich auch gar füglich die Teiche auf solche Weise in ihrer Qualität unterscheiden. Die mehr oder mindere Güte derselben wird bedingt: von der Sonnigkeit ihrer Lage, von der Tiefe des Wassers, von der, von gedüngten Feldern u. s. w. durch Regenwasser und Ergießungen kommenden Fettigkeit u. s. w.

Ein guter Teich muß, bei einem lehmigen wasserhaltigen Boden, vor allem einen, auf die gehörige Weise angelegten, Damm haben.

Die Grundlinie desselben muß dreimal so lang als seine Oberfläche, und diese so lang seyn, als der Teich tief ist. Das sogenannte Schloß des Teiches besteht in einem Graben, welcher so tief gemacht wird, daß man auf festen und guten Boden kommt; denselben füllt man mit Lehm aus, führt dann die Dammerde und Rasenstücke auf, und legt sie abhängig gegen das Wasser in einem stumpfen Winkel an, so daß der verfertigte Teichdamm ungefähr folgende Figur erhält:

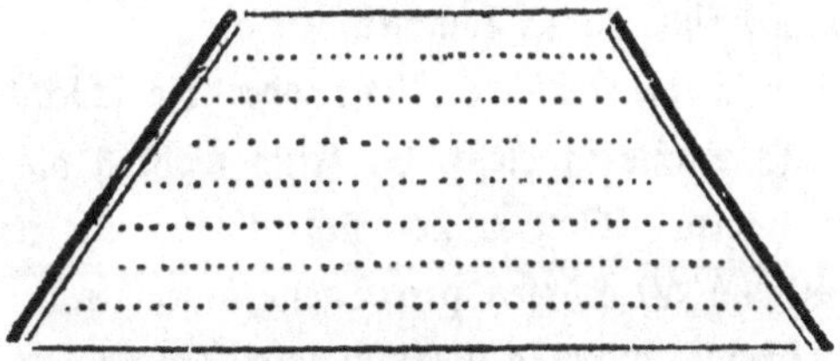

Ein umsichtsvoller Teichbauer in Holstein sieht noch besonders dahin, daß Ständer, Rinne, Wand und Zapfen meisterhaft im Grunde angelegt werden, damit der Teich nicht allein gut Wasser halte, sondern auch solches nöthigenfalls gut abfließen könne.

Ein holsteinischer Karpfenteich, welcher zur ersten Klasse gerechnet wird, muß vor allen Dingen eine sonnige Lage haben. Der Boden desselben darf nicht sandiger Art seyn, sondern es ist nöthig, daß er von fetter, kompakter, lettiger Beschaffenheit sey; zugleich ist ein beständiger Zufluß von Wasser erforderlich, so wie auch Ergießungen von dungreichen Feldern, Graskoppeln und Wegen dahin kommen müssen, damit er bei großer Dürre wenigstens nicht zu sehr austrockne. Die Umgebung von Bäumen und Buschwerk schadet ihm wegen des Schattens der Bäume; seine Verwilderung mit Moos, Schilf u. s. w. muß sorgfältig vermieden und dahin gesehen werden, daß er nöthigen Abfall des Wassers durch gute Zuggraben habe.

Der Einsatz der Teiche wird bedingt von ihrer Güte. In Teichen erster Klasse möchte ein Karpfe zu seinem gehörigen Wachsthum und Gedeihen wohl drei Quadratruthen Landes nöthig haben. Es wären solchergestalt auf eine kleine holsteinische Tonne von 240 Quadratruthen ungefähr 80 Köpfe zu rechnen.

In Teichen zweiter Klasse dürften hier wohl vier Quadratruthen für einen Karpfen erforderlich seyn, und daher nur 60 Köpfe auf eine Tonne kommen.

Was nun die dritte Klasse oder die schlechten Teiche anbetrifft, so müßte in diesen der Fisch wohl 5 bis 6 Quadratruthen haben. Man müßte sich also da mit einem Einsatz von 40 bis 50 Köpfen pro Tonne begnügen.

Mir scheint in obigen Anschlägen der Einsatz nicht zu geringe angegeben zu seyn. Wir wollen zwar nicht in Abrede stellen, daß nicht mitunter bei stärkerem Besatz die Teichfische einen guten Wachsthum haben können; allein riskant bleibt jener immer, und man kann dagegen ganz ruhig seyn, daß man nach der hier bestimmten Besatzung allemal große und fette Karpfen, nach einem Sommer, im Herbste ausfischen und gut versilbern könne. Bemerken wollen wir nur noch, daß auch hier zwei Ausnahmen von der Regel statt finden; erstlich dann, wenn ein Teich neu angelegt, und zweitens, wenn solcher vorher etliche Jahre besäet worden. In beiden Fällen besetzen unsere Landwirthe ihn um ein Viertheil stärker. Mit geringerer Besatung aber kommt man immer bei solchen Teichen zu, die schon 5 bis 6 Jahre bewässert waren, oder, wenn man zweijährigen Fischsaamen statt dreijährigen aussetzt, wobei gar keine Angst ist, daß man nicht im Herbste beim Befischen schöne, gelbe, fette und wohlschmeckende Karpfen erhalte, aber sich nur nicht dazu verführen lassen muß, dieselben über Winter in den Kellern zu conserviren, indem sie darin abmagern und unansehnlich werden.

Folgende Norm scheint mir zum Besatze der Saamenteiche die beste:

In Teichen, wo sechszig Karpfen zum Wachsen eingesetzt werden, lassen sich füglich 300 zwei bis dreijährige Fische anbringen, und wo diese vorhanden, kann ich meinen Einsatz, an sich bis zu zweijährigem Saamen erstreckenden Strich, bis auf 600 Köpfe ausdehnen.

Bei Ankauf des Fischsaamens strebt unser Landwirth besonders dahin, solchen aus schlechterem Boden und Teichen in bessere, fettere Teiche zu verpflanzen Die Größe des zweijährigen Saamens kommt nicht so sehr in Betracht, nur soll man sich davor in Acht nehmen, daß einem kein großer Strich (in Holstein Strek- oder Satzfische genannt) in die Händgespielt werden: dann will er schon zu groß am dreijährigen, bei Observation der gegebenen Regeln, heranwachsen. Dreijähriger Saame darf nicht kürzer denn 6 Zoll seyn.

Auf die Beschaffenheit des Teiches kommt allerdings immer sehr viel an. Ein guter Teichwirth soll stets bedenken, daß die Fische nicht allein von purem Wasser leben und fett werden können; sondern daß ihre liebste Nahrung in dem, was von gutem Boden entsteht, was von Ueberschwemmungen herbeigeführt wird, Gährung und Fäulniß nachläßt, und in Gewürmen, allerhand Insekten u. s. w. besteht. Bei der Bespannung sind die Teiche recht voll zu halten, können dahingegen im Sommer gern etwas eintrocknen; der demnächst nöthig werdende frische Wasserzufluß bringt den Fischen nur um desto frischere und neuere Nahrung, welche sie mit der größten Begierde nachsuchen; ihrer Natur nach gehen sie immer an die Ränder, und genießen die von Feldern, Wiesen und Wegen herrührende Fettigkeit.

Zur Aufzucht guter Karpfen und einer glücklichen Fischerei sind folgende Dinge vornämlich erforderlich:

1) Die Aufzucht guten Saamens.

Diese findet statt in den Strichteichen, — in Holstein Kuller- oder Laichteiche genannt, indem die junge Brut daselbst den Namen Kuller oder Laich führt. — Sie sind der Grund aller Fischerei. Man bestimmt dazu nur die kleinsten, 4 bis 500 Quadratruthen, oder 2 bis 3 kleine holsteinische Tonnen haltende Teiche. Nothwendig ist es, daß dieselben, was leider! mancher Orten vernachläßigt wird, im Herbste jedesmal mit dem Pfluge oder Haken aufgerissen werden. Man läßt sie alsdann den Winter über wüste liegen, um das so wohlthätige Ausfrieren des Bodens zu bezwecken. Wenn im Frühjahre die Nachtfröste vorüber, so wird an den Einsatz gedacht. Hier rechnen wir auf 18 Quadratruthen 5 Köpfe, als drei rognere und zwei milchnere Karpfen. Solche müssen eigentlich ein Alter von 4 bis 5 Jahren schon erreicht haben. — Die Anwendung von Pfeffer und anderen Ingredenzien, um die Rogener- von den Milchenerkarpfen zu unterscheiden, ist nicht von Nöthen, wenn man die Karpfen nur mit dem Daume unter dem Bauche streichet; dann wird bei den Rognern ein röthlicher Saft, sogar auch die in kleinen Fischen geformten Rogen, bei den Milchnern hingegen ein weit flüssigerer Saft, aus der ihnen von der Natur verliehenen Oeffnung hervorkommen. Solche Fische, bei welchen diese Bemerkung nicht gemacht wird, sind impotent, doch schadet es keinesweges, wenn man davon einige mehr beisetzt, indem sie die andern doch reitzen, und endlich oft auch selbst fruchtbar werden. — Zwanzig bis dreißig Schock junge Karpfenbrut kann ein Rogener sehr wohl erzeugen. — Man hat zuerst seinen zwei- und dreijährigen Saamen von dem Laich zu ziehen, und kann demnächst auch an den Verkauf der überflüssigen Kuller denken. Wenn Eis und Schnee im künftigen Frühjahre vergangen, wird im gehörigen Verhältnisse der Einsatz des Laichs in die sogenannten Saamen- oder Streckteiche beschafft. Diese müssen den Winter über in rauher Oberfläche gelegen haben, von Schilf u. s. w. wohl gereinigt, die darin befindlichen Löcher zugeworfen seyn u. s. w.

2) Die Wartung der Fische während des Sommers.

Noch vor der Besetzung der Teiche läßt unser sorglicher und umsichtiger Wirth dieselben, wo sie schadhaft geworden, bestmöglichst repariren. Die Teichwand, Zapfen, Rinnen oder

Ständer u. s. w., alles wird genau nachgesehen; die während ihrer Benutzung zum Kornbau oder durch Morast u. s. w. entstandenen Löcher werden mit frischer Erde wohl zugeworfen und verstopft; zugleich ordnet man die Aufräumung der Gerinne, das Aufsetzen der Schützbretter an den Fluthrinnen oder Fludder, die Reparation der Staketen oder Horden, damit den Fischen der Durchgang mit dem weglaufenden Wasser verwehrt werde, an. Auch ein guter und hoher Zaun ist zu machen; sonst setzt man sich der Unannehmlichkeit aus, daß die Karpfen dem frischen Wasser in den Gräben entgegen gehen, sich dadurch verlieren, und entweder in andere Teiche kommen, oder von Fischdieben aufgekapert werden.

Das Ausbessern der Teichdämme nimmt man hier gewöhnlich noch vor Johannis, und wenn der Teich wüste liegt, vor. Es ist vielleicht nicht unpassend, das zweckmäßigste Verfahren dabei hier zugleich anzugeben.

Die alte Erde und Rasenstücke müssen aufgegraben und gut ausgeräumt werden. Alsdann füllt man die Löcher mit neuer trockener Erde wohl zu, stoße diese mit Kolben oder Stößeln gut ein, und setze nun den alten Damm gleich mit frischem und neuem Rasen nach dem Mauerverbande, d. h daß keine Fuge auf die andere treffe, auf. Die Rasen müssen auf eine Länge und Breite von 6 bis 8 Zoll und Dicke von 4 Zoll gestochen werden. Fest an die Erde des Teichdammes werden sie angeklappt; demnächst Erlen- oder Weidenpfähle schräge gegen das Wasser zu eingestoßen, — die Pfähle durch Ruthen verzäunt, — hinter diese Verzäunung Faschinen gelegt, sodann Erde darauf geschüttet, und wieder Faschinen, bis die Brustwehr dem Damm gleich kommt. — Man kann gewiß seyn, daß dies Verfahren das sicherste Mittel sey, um dem Löcher- und Abreißen frischen Ufers vom Damme durch das Wasser vorzubeugen; bei der Erhöhung eines alten Dammes muß ebenfalls dahin gearbeitet werden, daß die neue Erde sich möglichst mit der alten verbinde, und auch hier immer besonders sich die Böschung an der Wasserseite von der Höhe des Dammes bis an die Grundlinie in schräger Linie gestalte.

Außer Erwähntem nimmt unser guter Wirth noch während des Sommers die sorgfältige Räumung und Ausbesserung aller Gräben, und besonders der Züge, wie auch überhaupt die Instandsetzung alles Schadhaften an Gerinnen und Fluddern wahr, damit das Wasser, wenn die Stauung der Teiche vor sich geht, kein Unheil anrichte.

Derjenige, dem die Aufsicht über die Teiche in einer Oekonomie übertragen, muß dafür sorgen, daß zur Sommerszeit keine Fische gestohlen werden, oder auf andere Weise wegkommen. Der Diebstahl wird um so leichter, je lieber die Karpfen, besonders bei lichtem Wetter und einfallendem Regen, die seichtesten Stellen aufsuchen, um sich dort zu erlustigen und ihre Nahrung aufzusuchen. Aber auch von Raubvögeln, Fischottern, Krähen, Füchsen, Hunden u. s. w. können viele Fische durch die Nachlässigkeit des Aufsehers geraubt werden. Zuweilen wird das Wasser faul und lebensgefährlich, welches an seiner grünen und bläulichen Farbe zu ersehen; dann ist nichts Eiligeres zu thun, als unverzüglich frisches Wasser mit Gewalt zufließen zu lassen; kann dies nicht geschehen, so suche man lieber sich so viel möglich von dem anbrüchigen zu befreien. Bei wenigem Wasser werden sich die Fische noch immer besser erhalten. Durch die Bewegung muß das Wasser gereinigt, und dem Tode der Fische vorgebeugt werden.

3) Die Teiche zur rechten Zeit und auf die gehörige Art zu fischen.

Das Fischen der Teiche geht erst spät im Herbst vor sich, indem das warme Wetter den Karpfen nicht zuträglich ist; jedoch kann man auch zu lange mit diesem Geschäfte warten. Ein guter Teichwirth sucht seinen Teich vor dem Erscheinen des Eises zu leeren.

Die Tage der Fischerei gehören zu Holsteins Volksfesten. Auch haben sie einen eigenthümlichen Reiz. Einen romantischen Anstrich gewährt wenigstens dieses Getümmel jubelnder Arbeiter an den von helllodernden Uferfeuern erglänzenden Teichen. Hier werden gewöhnlich unter jauchzenden Toasts die größten und fettesten, in großen Fischkesseln gar gemachten Karpfen sogleich verzehrt.

Ein Haupterforderniß zum Gelingen der Fischerei ist dies: daß sämmtliches Fischergeräthe aus dem ersten Ende im Stande sey. Man ist an Geräthen zum Fischen benöthigt:

1) einer guten Wathe von 2, 3, 4 bis 6 Klaftern, nach der Größe der Teiche;

2) einer eng gestrickten Strichwathe;

3) großer geräumiger Fischfässer;

4) einer Menge Bütten und Gefäße, die Fische zu sortiren;

5) genugsamer Kätscher;

6) Wassereimer und Kannen;

7) eines Zählbretts oder Fischzubers, welches mit gebohrten Löchern versehen;

8) Tragkörbe;

9) Geräthe zum Wegschaffen des Schlammes u. s. w.

10) Stöpsel von Stroh oder Holz.

11) Kränze von Weiden oder anderen Ruthen.

Für eine hinreichende Menge von Menschen und Fuhrwerk zum Fortbringen der Fische ist natürlich überdies zu sorgen.

Damit die Fische sich alle an einem Orte versammeln, muß der sogenannte Zug, d. i. der Platz zunächst am Ständer oder Zapfen, etliche Stiche tiefer als die andere Fläche des Teiches ausgegraben seyn. Es ist daher dafür zu sorgen, daß die Gräben vorher wohl geräumt werden, an dem Ständer oder Zapfen ein Netz fest vorgelegt, und hinter dem Teiche noch ein Zaun zum Auffangen der etwa entschlüpfenden Fische aufgeführt werden. Das Netz läßt man nicht anders als egal und langsam ziehen. Die Thiere aus dem Netze auf die Fischbretter zu bringen, stehen hinreichend Menschen mit Körben und Kätscher bereit. Durch fleißiges Begießen und Abspühlen sucht man die Karpfen möglichst rein in die Bütten zu bekommen, denn der Grund ihres Verderbens, mögen sie nun zum Verkauf oder in die Keller geführt werden, ist Unreinigkeit und Schlamm, wenn er sich zwischen die Ohren setzt.

Mit dem Sortiren der Fische müssen sich nur ein oder zwei Personen, die in dem Geschäfte bewandert sind, abgeben; große, mittlere und kleinere Fische, nebst Gemeinfischen, jede an ihrem Orte, werden ausgesammelt, worüber nachstehende Tabelle nähere Auskunft giebt.

Tabelle

über den Fischzug bei dem Gute N. N. vom 1sten Juni bis zum letzten November 18

Brack-Fische.	Ausschuß-Karpfen.			Brack-Karpfen. große			Brack-Karpfen. mittlere			Brack-Karpfen. kleine			Auswurf-Karpfen.			Aussaat-Karpfen.			Summa der Karpfen.			Saamen. dreijährig.			Saamen. zweijährig.			Strich.	Hechte. Haupt-	Hechte. Mittel-	Hechte. Brack-	Hechte. Zähl-	Gemein-Fisch.	Summa Summarum.				
18	Schck.	Mdl.	St.	Schck.	Mdl.	St.	Schck.	Mdl.	St.	Schck.	Mdl.	St.	Schck.	Mdl.	St.	Schck.	Mdl.	St.	Schck.	Mdl.	St.	Schck.	Mdl.	St.	Schck.	Mdl.	St.	Rtl.	St.	St.	St.	St.	Zub.	Schck.	Mdl.	St.	Rtl.	Zub.
Bestand in Haltern	2	—	4	3	—	—	5	—	6	10	—	8	9	3	2	7	3	—	37	3	5	70	3	—	120	1	—	18	9	20	7	50	5	230	1	1	18	5
Verkauft	2	—	—	3	—	—	5	—	—	—	—	—	—	—	—	—	—	—	10	—	—	50	—	—	60	1	—	10	9	20	7	40	4	121	2	1	10	4
Abgang.	—	—	—	—	—	—	—	—	—	—	—	—	—	—	—	—	3	—	—	3	—	20	—	—	10	—	—	—	—	—	—	10	—	30	3	10	—	—
Verbleibt pro März Bestand	—	—	4	—	—	—	—	—	6	10	—	8	9	3	2	7	—	—	27	—	5	—	3	—	50	—	—	8	—	—	—	—	1	77	3	5	8	1

Einer hat den Diebstahl und das Entschlüpfen von Fischen im Schlamm vorzubeugen; ein anderer muß die Sorten aus den Bütten zählen, und der Aufseher soll billiger Weise bei jedem Ausschütten eines Korbes in die Fässer, gegenwärtig seyn, auf jede Fuhre einen Ladezettel bekommen, die der Haltermann hernach von ihm abnimmt. — Das Drücken und starke Werfen mit den Fischen, am wenigsten dem Saamen und dem Strich, womit, seiner Zartheit wegen, ohnedies schonend umgegangen werden muß, und welcher zwar geschwinde, aber dabei doch sehr vorsichtig transportirt werden muß, darf nicht gelitten werden. Das Erwärmen des Wassers in Bütten durch die Länge der Zeit oder durch zu viele Fische ist auch ein Uebelstand; auf ein schnelles Wegladen, Gießen von frischem Wasser, oder Anhalten mit dem Zug, hält in nöthigen Fällen ein guter Aufseher. — Die Fischfässer auf dem Wagen werden halb mit Brunnenwasser angefüllt; wenn sie so voll sind, daß der Stöpsel bis an das Wasser reicht: so ist genug darin geladen. Auf Größe der Fässer und Weite des Fahrweges kommt bei ihrem Laden vieles an. Bei einem weiten Transport, wodurch das Wasser leicht erwärmt. muß solches öfter mit frischem aufgefüllt werden. Strich kann man nur in Teichwasser setzen; Brunnenwasser ist ihm, seiner Kälte wegen, leicht tödtlich.

Mit der Ausfischung des Saamens aus den Haltern im Frühjahr und Winter wird es eben so gehalten. Wenn man Saamen aussetzen will: nehme man besonders sonniges, stilles Wetter wahr. Er muß bis in den Teich gefahren, etwas in der Tiefe sanft und allmählig, damit der Fisch nicht betäubt und konfus wird, ausgeschüttet werden; widrigenfalls, weil er nach dem Winter öfters sehr schwach ist, krepirt nach und nach sehr viel.

4) Das Durchwintern der Fische.

Das erste Erforderniß von Winterteichen oder Haltern ist gehöriger Ab- und Zufluß und reines ungetrübtes Wasser. Gute Quellen, die nicht zufrieren, eignen sich daher am besten dazu. Ihr Boden muß konsistent, nicht mit Schlamm oder anderem Unrathe angefüllt seyn. Sie bleiben den Sommer über wüst und trocken liegen, und werden zeitig im Herbste gut gereinigt. Ihre Größe und Tiefe wird bedingt von der Art und der Menge der darin durchzuwinternden Fische. Im Herbst läßt man sie anspannen, wieder völlig abfließen, und von neuem mit reinem Wasser bespannen.

Das Aufeisen der Halter bei hartem Froste ist jedem Landwirthe bekannt. Nur geschehen dabei noch häufig Mißgriffe. Es ist keinesweges überlegt gehandelt, die Waken oder Oeffnungen gerade über der Fische Winterlager zu machen; sie müssen vielmehr von der Seite angebracht werden. Im hellen Wasser kann man gar wohl bemerken, wie die Fische sich an dem tiefsten Orte zusammen begeben, und einer über den andern liegen, so daß ihnen nur eben der nöthige Platz zur Bewegung des Kopfes und Schwanzes übrig bleibt.

Nach Schneegestöbern wird der Schnee durch Schaufeln vom Eise weggeschafft; während es schneit, darf indeß nicht aufgeeiset werden, weil das Schneewasser den Fischen schädlich ist. Veranlassung zur sogenannten Fischsterbe kann schon das von Bäumen in den Halter herabtröpfelnde Schneewasser werden, indem das Teichwasser so leicht dadurch angesteckt wird und in Fäulniß geräth. Starkes Laufen der Halter ist daher zur Schneezeit nicht genug zu empfehlen. Auch das Aufthauen des Eises im Frühjahr trägt oft Schuld an die Fischsterbe. Nicht die Dicke des Eises, — denn wenig Wasser nur brauchen die Fische zu ihrer Existenz, — nicht

nicht der Mangel an Luft ist es, welcher die inneren Theile der Karpfen angreifet; sondern es sind die durch ein Stillstehen in Gährung und Fäulniß gebrachten Dünste des Wassers Ursache dieses Uebelstandes.

Anzeigen der Fischsterbe sind erstlich kleine Blasen an den Wacken, lange schwarze Würmer, und endlich ordentliche, sich aus Fäulniß des Wassers erzeugende Käfer. Bemerkt man diese üblen Gäste, so haue man sogleich größere Oeffnungen ein: förmliche Gräben über den ganzen Teich befördern das Ausdünsten, die Abkühlung und Reinigung des Wassers vielleicht am besten; auch starker Abfluß ist rathsam, wenn auch wenig, ja gar kein Zufluß vorhanden wäre, und das Wasser nur eine halbe Elle hoch bleiben sollte. Wenn dies alles vergebens ist, so bleibt eigentlich kein anderer Rath, als die Fische sämmtlich herauszunehmen, und in andere Wasser zu setzen; diese Veränderung wirkt meist sehr wohlthätig auf sie, und bald erhalten sie ihre schwärzliche Farbe und ihre gewöhnliche Munterkeit wieder. Bis Mitte des Februars hält unser Teichwirth den Fisch ruhig in seinem Lager. Alle Sorten von Karpfen erfordern die reinsten Winterbehältnisse, aber auch Barsche und Aale u. s. w. krepiren, wenn sie in unreines Wasser gesetzt werden. Nur die Schleye können Unrath und Morast vertragen. — Schon im Februar oder März wird der Gemein-Fisch, als Hecht, Barsch u. s. w. ausgesetzt, weil seine Laichzeit sehr frühe eintritt. — Daß man Raubfische unter dreijährigen Saamen und in die Hauptteiche setzt, ist allgemein bekannt; nur wollen wir bemerken, daß solches in Holstein mit großer Behutsamkeit geschieht, und daß man sich vorsieht, gar zu große Hechte einzusetzen, da ein Hecht von 8 bis 10 Zoll einen kleinen, und folglich auch schon einen starken Saamen zwinget, und ganz verschlingen kann.

Die Beackerung der Teiche oder ihren Nutzbrauch zur Heuwerbung ist deswegen, wenn sie mehrere Jahre angespannt gewesen, vorzüglich anzurathen, weil dadurch den Fischen für die Folgezeit eine Menge neuer Nahrungsquellen eröffnet werden. Die Zeit, wann ein Teich geackert werden muß, kann hier nicht angegeben werden, sondern hängt natürlicher Weise von gar manchen Umständen ab. Im Schleswig-Holsteinischen besäet man die Haupt- und Streckteiche gewöhnlich, wenn sie zwei bis drei Jahre unter Wasser gestanden haben.

Will man dies Geschäft der Beackerung vornehmen, so müssen vor allen Dingen schon im Herbste, gleich nach der Abfischung, der Hauptgraben, gleich wie die kleinen Abzugsgräben, gehörig aufgeräumt, und alles Wasser möglichst abgeleitet werden. Im folgenden Frühjahre zieht man mit dem Pfluge dahin. Die sich zur Gerste eignenden Stellen besäet man wohl am besten mit diesem Korne, die andern mit Hafer; läßt indeß die Sinken und gar zu feuchten Stellen zur Heuwerbung liegen. In Holstein wird auf diese Weise ein Teich oft drei Jahre nach der Reihe bestellt, und wenn derselbe nur gehörig abgegraben, geräth das Korn meist ganz vortrefflich. Wir möchten aber einen kleinen Wechsel in der Saatenfolge doch wohl anrathen.

Neunzehnter Abschnitt.

Durchschnitts-Ertrag der Ernten. Ertrags-Berechnung einer holsteinischen Wirthschaft vor und nach der Bemergelung.

Herr Iversen in seinen Fragmenten über unsere Landwirthschaft sagt: „daß die gewöhnliche Ernte auf Boden der ersten Classe im Durchschnitt — auf vorzüglich glückliche Jahre so wenig als auf Mißwachsjahre Rücksicht genommen — von einer Tonne Landes à 240 Q.-Ruthen im Weitzen, nach $\frac{7}{8}$ Tonne Aussaat war:

vor der Bemergelung das . . . . . . 7te Korn,
nach der Bemergelung das . . . . . . 10te Korn;

im Rocken, nach 1 Tonne Aussaat:

vor der Bemergelung das . . . 6te bis 7te Korn,
nach der Bemergelung das . . . 8te bis 9te Korn;

in der Gerste, nach 1 Tonne Aussaat pro Tonne Land:

vor der Bemergelung höchstens das . . 8te Korn,
nach der Bemergelung das . . 14te bis 16te Korn,

zuweilen mehr.

Im Hafer, nach $1\frac{1}{2}$ Tonne Aussaat pro Tonne:

vor der Bemergelung, im Falghafer das . 10te Korn,
im Hartlandshafer das 8te Korn,
im Dreeschhafer das $4\frac{1}{2}$te Korn,
nach der Bemergelung das . . . . . 14te Korn.

„Den Klee-Ertrag, überhaupt den Strohgewinn, kann man nach der Bemergelung auf das Doppelte annehmen."

„Die Weide verbessert sich in demselben Verhältnisse und noch mehr. Auf dieser Bodenart weidet man jetzt reichlich eine Kuh auf einer Tonne, und der Milchertrag ist durch die Nahrhaftigkeit der Weide wenigstens um den achten Theil erhöhet *). Im Durchschnitte darf man also annehmen, daß der Ertrag des Viehstapels da, wo der Kornbau nicht übertrieben wird, sich auf dieser Bodenart um die Hälfte vergrößert hat."

„Auf dem leichteren vormaligen Rocken- und Haferboden bauet man jetzt durchgehends nach der Wintersaat Gerste, säet auch auf Lehmboden in der Braache Weitzen. Der Mergel wirkt auf diesem Boden schneller, und sein Erfolg ist in die Augen fallender. Die Ursachen sind in der abweichenden Bodenmischung zu suchen. Der Mergel mischt sich leichter, geschwinder und inniger mit dieser Bodenart, als mit der vorhergehenden, und da dieser selten früher gebraucht wurde: so traf der Mergel hier vielleicht mehr leicht auflöslichen Humus an, als in den regelmäßig gebraachten Aeckern, wo die Kräfte des Bodens in jedem Umlaufe von neuem durch die sorgfältige Beackerung mehr entwickelt und aufgeschlossen wurden. Der Weitzen mag in der ersten Bodenart vielleicht 2 Körner höher lohnen, der Rocken ist aber auf Aeckern der

*) Es mag unglaublich scheinen, ist aber dennoch wahr: daß auf meinem früheren Wohnorte in Angeln, Kieholm, einige 40 Haupt Rindvieh auf einem Revier von kaum 6000 Q.-Ruthen Landes geweidet wurden, und einen sehr reichlichen Milchertrag gaben. Auf diesen 6000 Ruthen hätten sich vor der Bemergelung kaum 16 Kühe ernähren können. Es ist aber erstaunend, welcher Reichthum an Humus, der nur durch den Mergel in Thätigkeit getreten, und seinen vollkommensten Einfluß auf den Wachsthum der Pflanzen äußert, in dem Angler Boden vorhanden ist.

zweiten Classe sicherer, und in Gerste und Hafer steht er keinem nicht nach."

„In ein noch günstigeres Verhältniß tritt diese Bodenart, mit der ersten verglichen, nach der Bemergelung hinsichtlich der Weide, mit Rücksicht auf die früheren Weidekräfte. Eine Tonne Weideland ist hier jetzt für eine Kuh zur Vorweide hinreichend, und das Vieh bringt mehr und fettere Milch von einer Tonne als vormals von zweien."

„Diese enorme Wirkung des Mergels auf die leichteren Bodenarten hat eine starke Reform in der Schlagordnung und Saatenfolge dieser Bodenklasse veranlaßt. Die Erfahrung lehrte bald, daß die Schläge, welche vormals so klein als möglich gemacht waren, weil nur spärlich gedüngt werden konnte, jetzt, bei der nunmehr producirten Düngermasse, vergrößert, oder daß die Saatenfolge und der ganze Ackerumlauf mit Rücksicht auf eine zweimalige Düngung in einer Rotation geändert werden mußte. Wo die Einkoppelung eine Vergrößerung der Schläge entweder durch Zerlegung der Nebenschläge, oder durch Theilung eines Schlages und Zusammenlegung mit andern und durch Zerlegung der ackerbaren Ländereien aus den Wiesen zuließen, ward diese vorgezogen; wo dies nicht möglich war, half man sich durch eine veränderte Saatenfolge."

„Mehrere Güter, welche vorhin eine 12 bis 14schlägige Wirthschaft gehabt hatten, wählten nur eine 7schlägige, d. h. sie nahmen auf einmal jährlich zwei Koppeln unter den Pflug in nachstehender Folge:

1) Braache,
2) Wintersaat,
3) Gerste,
4) Hafer mit Klee,

5) 6) 7) Weide.

„In diesen Wirthschaften wird die eine Braachkoppel gewöhnlich früh mit Mengfutter, zu Heu bestimmt, besäet, und erhält nach Aberntung desselben eine halbe Braache, das heißt, die Stoppel wird so bald möglich bedüngt, der Mist untergeackert, einige Wochen später gewendet, und darauf um Michaelis zur Saat gepflügt. Im folgenden Turnus wird die Koppel, der man im vorigen Umlauf reine Braache gab, mit Mengfutter bestellt, und so behandelt erhält das Land in jedem 14ten Jahre reine Braache. Andere haben es versucht, in dieser Schlagordnung die reine Braachkoppel mit Buchweitzen zu bestellen. Allein im 2ten Umlauf nach der Mergelung mißräth diese Frucht gewöhnlich: man kommt deshalb nach und nach davon zurück."

„Wer seine Wirthschaft in 8 oder 9 Schläge legen kann, wählt folgenden Saatenwechsel:

1) Braache,

2) Wintersaat,

3) Gerste,

4) Hafer,

5) Hafer bedüngt mit Klee,

6) 7) 8) 9) Weide.

„Diese Rotation ist aber weniger beliebt, es folgen hier zu viele halmtragende Früchte nach einander *)."

„In 11schlägigen Wirthschaften findet man häufig folgende Ordnung: **)"

*) Beliebt ist diese Fruchtfolge nur leider nur gar zu sehr, so wie der schleswig-holsteinische Landwirth denn überhaupt dem Schlendrianswesen der Altvordern in manchen Stücken auf höchst nachtheilige Weise anhängt.

**) „Häufig" ist wohl zu stark ausgedrückt.

1) Braache,

2) Wintersaat,

3) Gerste,

4) eine Blattfrucht,

5) bedüngt Wintersaat,

6) Hafer mit Klee,

7) Klee zu Heu und zur Nachweide,

8 bis 11) Weide.

Diese Fruchtfolge ist den Pächtern der Güter Sr. Hochfürstlichen Durchlaucht des Herzogs zu Schleswig-Holstein-Augustenburg vorgeschrieben."

„Andere säen mit der Gerste No. 3. Klee, und mähen diesen im folgenden Jahre zu Heu, worauf dann mit halber Braache nebst Düngung eine Wintersaat, in thonigtem Boden Weitzen, folgt. Diese übrigens sehr zweckmäßige Saatenfolge hat das Mißliche, daß die Gerste sich gern lagert und den Klee erstickt. Indessen hilft man sich durch Nachsäung der im Klee bemerkten Lücken auf der Gerststoppel. Für die Wintersaat ist sonst der Klee eine passendere Vorfrucht als Erbsen oder Wicken. Der Boden, welcher durch die dreijährige Bestellung zur Gerste schon sehr aufgelockert worden, wird durch die gewöhnlich stark bestandene Gerste noch loser gemacht. Trägt er nun im folgenden Jahre Klee, so erhält er durch die Kleewurzeln wieder einige Consistenz, und die Erfahrung hat gezeigt, daß besonders der Weitzen in Kleestoppel ganz vorzüglich geräth. So zweckmäßig auch Erbsen und Wicken als Vorfrüchte für jede Sommersaat sind; so wenig passend findet man sie in der Fruchtfolge, unmittelbar in den lockern Gerstboden gesäet, als Vorfrucht für die Wintersaat."

„Noch Andere, die vielleicht aus Unkunde, auf den Wechsel der Blatt- und Halmfrüchte keinen Werth legen, haben diese Saatenfolge:

1) Braache,
2) Wintersaat,
3) Gerste,
4) Hafer,
5) Hafer,
6) gedüngt, Rocken mit Klee, und darauf 5 oder 6 Jahre Weide,
   oder in No. 5) gedüngt, Rocken, 6) Hafer mit Klee, darauf Weide.

„Diese Saatenfolge entkräftet aber den Boden zu sehr, und er weidet nach derselben nicht so gut als nach der vorigen.

„Wo man, auf starkem humusreichen Boden, den Rapssaatbau regelmäßig in den Umlauf aufgenommen hat, hält man in einer 11schlägigen Wirthschaft folgende Saatenfolge für die zweckmäßigste:

1) reine Braache, stark gedüngt,
2) Rapssaat,
3) Weitzen oder Rocken,
4) Gerste mit Klee,
5) Klee zu Heu mit halber Braache und Düngung im Herbste,
6) Winterkorn,
7) Hafer mit einer Mischung von weißem und rothem Klee, jedes zur Hälfte, zur Weide,
8) 9) 10) 11) Weide.

„Diese Fruchtfolge hat zu wenig Hafer für das stärkere Gespann, welches die Mergelwirthschaft erfordert. Man nimmt deshalb, wo man mehrere Schläge hat, noch eine Hafersaat oder bestellt etwa auch nur einen halben Schlag mit Rapssaat und den Rest mit Winterkorn, um im 4ten Jahre auf dieser Hälfte Hafer mit Klee zu säen."

Herr Iversen stellt nach diesen Bemerkungen die Ertrags-Berechnung einer holsteinischen Wirthschaft vor und nach der Bemergelung auf. Es sind nun fast 8 Jahre verflossen, seitdem Herr Iversen sein Buch schrieb, und die landwirthschaftlichen Verhältnisse haben sich in diesem Zeitraume sehr verandert. Dennoch aber wird es für meine Leser nicht uninteressant seyn, diese in der That mit Sachkenntniß entworfenen Berechnungen hier mitgetheilt zu sehen. Was die darin notirten billigen Durchschnittspreise betrifft: so sind dieses Zahlen, welche in der Hauptsache keinen Anstoß geben; will der Leser aber wissen: welchen Ertrag eben solch' eine Oekonomie in der jetzigen Conjunktur abwirft: so darf er sich ja nur die leichte Mühe machen, die Geldeinnahmen nach den bei ihm gerade gangbaren Preisen zu modificiren.

Ertrags-Berechnung

einer Wirthschaft, welche neben hinlänglichen Wiesen *) in 11 Schlägen à 40 Tonnen eine Akkerfläche von 440 Tonnen besitzt.

Vor der Bemergelung.

Saatenfolge: 1) Dreeschhafer. 2) Braache. 3) Weitzen. 4) Gerste. 5) Hafer mit Klee. 6) Klee zu Heu, hernach Weide. 7) 8) 9) 10) 11) Weide.

*) Es ist Schade, daß Herr Iversen die Fuderzahl des gewonnenen Heues nicht angegeben hat. Es ist bei dergleichen Berechnungen unerläßliches Bedingniß, daß die Hülfsmittel der Oekonomieen genau specificirt werden. Peinliche Genauigkeit kann von dem Berechner überhaupt nicht zu weit getrieben werden: denn von manchem anscheinlich unbedeutenden Nebenumstande dependirt oft, vermöge seiner Einwirkung auf gewisse Einzelnheiten, gar zu viel.

Ertrag:

1) Weitzen, womit bestellt 40 Tonnen à Tonne Land $6\frac{1}{4}$ Tonnen, sind		250 Tonnen
ab: Drescherlohn (die 14te Tonne)	17 T. 7 S.	
Saatkorn	35 — = —	
für die Haushaltung werden ausgeworfen	2 — 1 —	
		55 —
bleiben zum Verkauf		195 Tonnen.
2) Gerste: auf 40 Tonnen pro Tonne 8 Tonnen Ertrag, sind		320 Tonnen
ab: Drescherlohn	23 Tonnen	
zur Saat	30 —	
für die Haushaltung, zur Mastung u. s. w.	90 —	
		143 —
bleiben		177 Tonnen.
3) Hafer: 40 Tonnen mit Dreschhafer, Ertrag pro Tonne $7\frac{1}{2}$ Tonne		300 Tonnen
40 Tonnen mit Hartlandshafer, Ertrag pro Tonne 12 Tonnen, sind		480 —
Total-Ertrag		780 Tonnen
ab: zur Saat	120 Tonnen	
Drescherlohn, die 16te Tonne	49 —	
zum Futter für 10 Pferde in 40 Wochen, wöchentlich 8 Tonnen	320 —	
zur Haushaltung und für die Kühe werden ausgeworfen	200 —	
		689 —
bleiben zum Verkauf		91 Tonnen

4) Aus der Meierei:

Wir haben, außer einem Kleeschlage zur Heuweidung, 5 Weideschläge, zusammen 200 Tonnen, und nehmen an, daß diese bei hinreichendem gutem Wiesenwachs nähren können: 125 Kühe.

Geld-Einnahme

nach einem billigen Durchschnittspreise.

Weitzen	195 Tonn.	à Tonne	5 Rthlr.	975 Rthl.	
Gerste	177 —	à —	3 —	531 —	
Hafer	91 —	à —	2 —	182 —	
rohe Einnahme aus dem Getreide				———	1688 Rthl.
Aus der Meierei von 125 Kühen werden für die Haushaltung abgerechnet 15 Stück, welche in eigener Nutzung bei dem zugelegten guten Futter und einem Mittelpreise der Sommerbutter von 42 Rthl. à Tonne pro Stück, an roher Einnahme liefern mußten von 16 Rthl., macht für 110 Stück					1760 —
Summa					3448 Rthl.
Diese Wirthschaft muß ihren Brod-Rocken kaufen, wofür wir in Abrechnung zu bringen für 45 Tonnen Rocken 4 Rthl. pro Tonne . .					180 —
bleiben					3268 Rthl.

Nach der Bemergelung

würde der Ertrag auf gleichem Boden, unter den angenommenen Verhältnissen *) und bei der Saatenfolge mit

*) Ich nehme hier als Durchschnitts-Ertrag
im Weitzen und Rocken das 10te
in der Gerste das 14te
im Hafer das 14te Korn an, und glaube

1) reiner Braache gedüngt, 2) Rapssaat, 3) Weitzen,
4) Gerste, 5) Klee, 6) Rocken nach halber Braache,
7) Hafer mit Klee, 8) 9) 10) 11) 12) Weide,

etwa folgendermaßen zu stehen kommen.

1) 2) Rapssaat nach reiner Braache auf 40 Tonnen à Tonne im Mittelertrag 10 Tonnen . . . . 400 Tonnen

ab: zur Saat . . . . 2 —

bleiben zum Verkauf 398 Tonnen.

3) Weitzen, nach einer Aussaat von 35 Tonnen auf 40 Tonnen Land à 8¾ Tonnen . . . . . . 350 Tonnen

ab: Drescherlohn . . . . . . 25 Tonnen
Saat . . . . 35 —
für den Haushalt . . . . . 10 —
70 —

bleiben 280 Tonnen.

4) Gerste, auf 40 Tonnen Ertrag, à 14 Tonnen pro Tonne Land . . . . 560 Tonnen

ab: Drescherlohn . . . . . 40 Tonnen
Aussaat . . . . 40 —
Haushalts- und Mastungs-Bedürfniß . . . . . . 106 —
180 —

Ueberschuß zum Verkauf 380 Tonnen.

5) Klee.

---

im Durchschnitt nicht mehr nehmen zu dürfen, wenn mir gleich ein höherer Ertrag in günstigen Jahren und gut geführten Wirthschaften wohl bekannt, auch auf meinem Felde nicht selten bedeutend mehr erbauet ist.

A. des Herrn J

6) Rocken, nach halber Braache auf 40 Tonnen Ertrag,

à 8 Tonnen pro Tonne Land			320 Tonnen
ab: zur Saat	40 Tonnen		
Drescherlohn	23 —		
zum Haushalt	50 —		
		113 —	
		bleiben verkäuflich	207 Tonnen.

7) Hafer, auf 40 Tonnen Ertrag, pro Tonne 21 Tonnen . . . . 840 Tonnen.

Von dem Hafer kann in dieser Wirthschaft nichts verkauft werden, weil das verstärkte Gespann, von dem man noch obendrein mehr Arbeit verlangt, bedeutend mehr consumirt, als bei dem vormaligen Betriebe, auch der vermehrte Viehstapel, dem in dem groben Stroh wenig Nahrungstheile geboten werden, eines beträchtlichen Zuschusses an Hafer bedarf, um bei Kräften zu bleiben und reichliche Milch zu liefern.

8) Aus der Meierei:

200 Tonnen Land weiden jetzt, außer einem Theil der Baupferde	160 Kühe
wovon indessen wegen des vermehrten Personals für die Haushaltung abgehen müssen . . .	20 —
also für den Meierei-Betrieb bleiben	140 Kühe.

Geld-Einnahme.

Für Rapssaat 398 Tonnen, à 5 Rthlr. . . .	1990 Rthlr.
davon ab, an Erntekosten von jeder Tonne Landes 5 Rthlr.	200 —
bleiben	1790 Rthlr.
Weitzen 280 Tonnen à 5 Rthlr.	1400 —
Latus	3190 Rthlr.

	Transport	3190 Rthlr.
Gerste 380 Tonnen à 3 Rthlr.	. . . . .	1146 —
Rocken 207 Tonnen à 4 Rthlr.	. . . .	828 —
rohe Einnahme aus dem Getreide	. . . .	5158 Rthlr.
Aus der Meierei von 140 Kühen à 17 Rthlr.		2380 —
Summe der rohen Einnahme	. . . . . .	7538 Rthlr.
nach der vorigen Wirthschaft	. . . . . .	3268 —
	Also mehr nach der Bemergelung	4270 Rthlr.

Herr Iversen fährt nach Aufstellung dieser Berechnungen in seinen Reflexionen fort, und sagt: „Es würde indessen eine ganz falsche Ansicht der Verhältnisse verrathen, wenn man dieses plus des Ertrages als einen Vortheil der Mergelwirthschaft darstellen wollte. Denn, abgesehen von zuweilen eintretenden Mißjahren und oft weit unter dem angenommenen Mittel stehenden Preisen, wodurch schon die Summe der Einnahme um mehrere Tausende sich vermindern kann, müssen doch nicht nur die Zinsen des zur Mergelung aufgewendeten Capitals, sondern auch die, unter manchen Umständen fast auf das Doppelte gestiegenen Kosten des Betriebes davon abgezogen werden. Es liegen in der Sache selbst und in den Zeitläuften noch mehrere Ursachen, die es sehr begreiflich machen, warum der Erfolg des Mergelns auf den Wohlstand des Landmannes nicht so auffallend gewirkt hat, als man dem äußeren Anscheine nach erwarten durfte. Auf den wenigsten Höfen und Landstellen konnten die Gebäude die jetzigen Ernten, welche ein ungeheures Stroh bringen, fassen. Es mußte also gebauet werden, oder man mußte sich vorläufig, da die Baumaterialien während des Krieges kaum zu haben waren, begnügen, Diemen zu setzen, und den daraus entstehenden Verlust tragen. Der Arbeitslohn war während des Krieges, da beständig eine große Armee im Felde gehalten werden mußte, welche einzig und allein aus der Klasse der Landleute bestand und recrutirt ward, bei der Abwesenheit der jungen Mannschaft, des Kerns der arbeitenden Klasse, zu einer fast unerschwinglichen Höhe gestiegen. Die wenigen raschen Knechte, welche zu haben waren, forderten das Doppelte an Lohn, und in Ermangelung derselben mußte man sich, da alles Landvolk militairpflichtig war, auch bis ins 45 jährige Alter dienen mußte, und wirklich zum Dienste einberufen ward, mit alten, abgelebten Leuten behelfen, die dennoch eine ungeheuere Bezahlung forderten. Die Abgaben an den Staat, die Militairfuhren und Requisitionen zur Proviantirung der Armee sowohl als Norwegens, nahmen große Summen und einen Theil des sonstigen verkäuflichen Ueberschusses weg. Dabei sank der Credit und der Zinsenfuß stieg. Im Verfolg des Mergelns war ein größeres Betriebs-Capital erforderlich, denn der Viehstand mußte vergrößert, mithin auch das Meiereigeräthe und überhaupt alles Inventarium verhältnißmäßig vermehrt werden. Woher konnte man diese Ausgaben, bei dem fehlenden Credit, decken? — als einzig und allein aus der Gutseinnahme? — Es ist also kein Wunder, daß es hier und da mit dieser Melioration sehr langsam ging; — kein Wunder, daß Mancher, mit bedeutenden Schulden belastet, sich bei aller Anstrengung nicht halten konnte, und seinen Besitz verlassen mußte" u. s. w.

Zwanzigster Abschnitt.
Werth der Grundstücke.

Daß die dermalige mißliche Conjunktur auch auf den Preis der Schleswig-Holsteinischen Landgüter äußerst nachtheilig einwirkt, ist nicht anders als begreiflich. Aber schon vor einem Decennium stand mit dem hohen Culturstande der Mergelwirthschaften und dem ausnehmend vermehrten rohen Ertrage des Landbaues der niedrige Preis der Ländereien, der tiefgesunkene Credit, der Geldmangel unter den Landleuten im traurigen Contrast. Herr Iversen hat in seiner, bei manchem Oberflächlichen mitunter auch Gediegenes enthaltenen Schrift, die Ursachen dieser auffallenden Erscheinungen anzudeuten versucht. Er glaubt sie zu finden:

in den auf dem Grund und Boden jetzt ruhenden, während des letzten Krieges sehr erhöheten Lasten und Abgaben;

in dem größeren Geld- und Kraftaufwande, welchen unsere Oekonomieen erfordern;

in dem gesunkenen Credit und

in der verminderten Geldmasse.

Das Besitzthum — sagt I. — welches wir unter dem Namen eines Landguts begreifen, besteht aus mehreren Theilen, welche nur in ihrer Verbindung ein vollständiges Ganze bilden. Der Werth eines Landguts beruht auf mancherlei Gegenständen, ist abhängig von vielseitigen Verhältnissen. Ich glaube am verständlichsten zu reden, wenn ich den Werth eines Landguts und seiner Pertinenzien gleich einem Capitale

betrachte,

betrachte, wodurch man sich in den Besitz eines solchen setzen kann, nach dem Vorgange des Staatsraths Thaer ein dreifaches Capital unterscheide,

das Grund-Capital,
das stehende Capital,
das Betriebs-Capital.

Unter Grund-Capital

verstehe ich den Werth des Grund und Bodens, in sofern er zum Ackerbau oder zur Viehzucht benutzt wird. Hölzungen und Moore, wenn sie über den eigenen Bedarf vorhanden sind, Fischereien und dergleichen Nebenbranchen, welche Einnahme bringen, erhöhen zwar den Werth einer Landstelle und den Kaufpreis; sie gehören aber eigentlich nicht zu dem Grund-Capital, was durch den landwirthschaftlichen Betrieb rentiren muß, sondern müssen den Kaufwerth, welchen der Eigenthümer dafür berechnet hat, als er sich in den Besitz des Landgutes setzte, durch die ihnen eigenthümlichen Einnahmen verzinsen.

Das stehende Capital

bezeichnet den Geldwerth derjenigen Dinge, welche, abgesehen von dem Grund und Boden, zum Betriebe des landwirthschaftlichen Gewerbes erforderlich sind, und immer in gutem Stande erhalten werden müssen, wenn jener blühen soll. Ich rechne dahin die Gebäude, das Zug- und Nutzvieh, imgleichen das Acker-, Feld- und Hausgeräthe. Jeder vernünftige Käufer eines Landbesitzes, in sofern er diese Gegenstände im Handel mit bedingt, schätzt den Capital-Werth, welcher in ihnen entweder schon enthalten ist, oder angelegt werden muß, um sie in completten Stand zu setzen. Ihre relative Vollständigkeit und Zweckmäßigkeit oder der Mangel daran hat sehr wesentlichen Einfluß, sowohl auf den wahren Werth als auf den Kaufpreis des Besitzes.

Zum Betriebs-Capital

rechne ich den Geldvorrath, womit das Gesindelohn, die sämmtlichen Arbeiten, die anzuschaffenden Bedürfnisse der Haushaltung, der Wechsel und die Ergänzung des Viehstandes, die Unterhaltung des Inventarii aller Art, so wie der Gebäude bestritten wird, und welcher entweder baar, oder in leicht zu versilbernder Produktion vorhanden seyn muß; so wie die Naturalien, welche zum Behuf der Haushaltung erforderlich sind. Wenn Herr Thaer die Zinsen des Grund-Capitals zu 4 Prozent berechnet, so nimmt er für das stehende einen Zinsenfuß von 6 Prozent an, indem dieses einem größeren Risico unterworfen ist, als jenes. Für das Betriebs-Capital aber verlangt er 12 Prozent, weil Letzteres noch mehreren Gefahren ausgesetzt und als der eigentliche Hebel des ganzen landwirthschaftlichen Gewerbes zu betrachten ist. Die Schwierigkeit, dieses Capital in Anleihe zu erhalten; zuweilen die Gelegenheit, mittelst einer eben so bedeutenden Summe in einem andern Gewerbe mit größerer Sicherheit höhern Gewinn zu ziehen; das Risico, welches mit unserm oft mißlichen *) Gewerbe, besonders in Kriegeszeiten verbunden ist, machen es durchaus nothwendig, hiervon höhere Zinsen zu berechnen. Da der Zinsenfuß hier in den Herzogthümern, auch bei hypothekarischer Sicherheit, auf 5

*) Die Landwirthschaft schon in Friedenszeiten sehr precair, ganz abhängig von der Witterung, oft gedrückt von ungünstiger Conjunktur, zuweilen von allgemeinen Landplagen, ist in Kriegeszeiten doppelt unsicher, da der größte Theil der Subsistenz-Mittel des Heeres von dem Landmanne requirirt wird, und er mehr der Willkühr und Rohheit des Kriegers überlassen ist als der Städter.

Prozent steht: so müssen für das stehende Capital 7 Prozent berechnet werden. Hinsichtlich des Betriebs-Capitals dürften 12 Prozent nicht zu viel seyn, wenn das große Risico einigermaßen gedeckt, und der Landmann für die oft sehr beträchtlichen Aufopferungen, welche er machen muß, um sich ein hinlängliches Betriebs-Capital zu verschaffen, entschädigt werden soll. Ohne hinlängliches Betriebs-Capital kann aber der Landmann nicht empor kommen, es ist wesentliche Bedingung des Fortschreitens, und der Oekonom muß sich deshalb solches, wenn es irgend möglich ist, um jeden Preis zu verschaffen suchen. Weiter unten werde ich auf diese Gegenstände zurückkommen, hier aber will ich zuvörderst hauptsächlich von dem eigentlichen

Grund-Capitale

reden, weil nur dieses steigt und fällt, das stehende und Betriebs-Capital aber einen nothwendigen Werth haben muß, übereinstimmend mit dem Preise, wofür ersteres anzuschaffen ist, und den Bedürfnissen, welche aus letzterem bestritten werden müssen. So lange das Land einen Schilling per Tonne werth ist, können Gebäude und Inventarium von ihrem wirklichen Werthe nichts verlieren. Wird eine Landstelle unter dem Werthe der Gebäude verkauft, so ist vorauszusetzen, daß die Abgaben vom Lande zu hoch sind, und das Risiko zu groß, als daß es irgend einen Verkaufswerth haben könnte.

Auf den steigenden und fallenden Werth des Grund und Bodens äußern mehrere Umstände einen bald näheren, bald entfernteren Einfluß. Die nächsten Ursachen des gesunkenen Werths finde ich:

1) in den erhöheten Steuern und Abgaben.

Sie vermindern nicht nur den reinen Ueberschuß und vermögen den Capitalisten, seine Capitale aus einem Gewerbe zu ziehen, wo sie schlecht rentiren, sondern schwächen auch das Betriebs-Capital, und verhindern kostspielige Meliorationen. Die Abgaben wirken um so nachtheiliger auf das Grund-Capital, weil sie nur dieses drücken. Gebäude und Inventarium können nichts verlieren, denn sie sind wesentliche unentbehrliche Bedingnisse des Betriebes, und lassen sich unter ihrem verkäuflichen oder Marktpreise nicht anschaffen. Daß diese Steigerung der Abgaben von so bedeutendem Einflusse seyn konnte, darf uns nicht wundern, wenn wir im Verfolg sehen werden, daß sie in diesem Jahrhundert, mit Inbegriff der Reichsbankzinsen, um $2\frac{1}{3}$ mal erhöhet sind.

Aus demselben Grunde erklärt es sich, warum die adeligen Güter verhältnißmäßig mehr im Preise sinken mußten, als bäuerliche Besitzungen, weil sie früher bloß zur ordinairen Contribution pflichtig, zu den neueren Auflagen nicht nur zugezogen sind, sondern auch noch schwerer besteuert wurden als jene.

Die im Jahre 1802 eingeführte, successive erhöhete Landsteuer, wird bekanntlich nach der verschiedenen Güte des Bodens in mehreren Abstufungen entrichtet. Eine Schätzung des Grundwerths mußte also der Steuer-Regulirung vorangehen, und in dieser wurden die adeligen Gutsgründe verhältnißmäßig viel höher angesetzt, als die der Amts-Unterthanen. Alles Hoffeld wurde fast durchgehends zum maximo von 100 Rthlr. pro Tonne taxirt, selbst da, wo ein Gut mit Amts-Unterthanen melirt lag, deren Grund und Boden zuweilen nur auf die Hälfte geschätzt wurde. Natürlich mußte dieses Mißverhältniß bei den folgenden Erhöhungen der Steuer und bei Einführung der Bankhaft, welche auch nach Steuerwerth berechnet wurde, um so nachtheiliger wirken, je unverhältnißmäßiger der Steuerwerth gegen den innern natürlichen Werth des Bodens angesetzt, und je genauer das urbare Areal durch geometrische Vermessungen ausgemittelt worden war.

Der Grundwerth ergiebt sich aus dem reinen Ueberschuß der Wirthschaft, spricht sich aber nur öffentlich aus durch den Verkauf oder eine Verpachtung, und zwar durch einen solchen Verkauf, wo nur allein der Grundwerth berücksichtiget wird. Wenn kostbare Wohngebäude, große Hölzungen u. dgl. m. dem Besitze einen höheren Kaufwerth leihen, muß der Werth dieser Dinge erst abgerechnet werden, ehe man den Grundwerth bestimmen kann.

Vor dem Beginnen des Englisch-Amerikanischen Krieges bis ins Jahr 1801, als der dänische Staat, durch den Ueberfall bei Copenhagen, in den Revolutionskrieg verwickelt wurde, und als Folge davon die Armee mobil erhalten werden mußte, erlebten wir die glänzendste Periode unserer Landwirthschaft und des Güter-Umsatzes. Der Handel blühete, alle landwirthschaftlichen Erzeugnisse waren gesucht, und stiegen von Jahr zu Jahr immer höher. Begünstigt durch den starken Schiffbau in den Häfen der Herzogthümer ward das Schiffsbauholz sehr theuer bezahlt. Die Abgaben waren gemäßigt, auch durch die Landstände nach einem billigen Maaßstabe vertheilt. Es war also kein Wunder, daß die Landbesitzungen, besonders solche, welche einen großen Holzbestand hatten, zu enormen Preisen bezahlt wurden. Unmittelbar nach dieser glänzenden Periode ward die Taxation Behufs der Landsteuer vorgenommen. Es darf also nicht sehr befremden, daß die Steuer-Regulirungs-Commissionen irre geleitet wurden, und dem Grund und Boden jenen Werth beilegten, welchen die

Güter=Speculanten oft nicht in der Güte des Bodens, sondern in den zurasirenden Forsten gesucht hatten.

Diese unverhältnißmäßige Ansetzung des Steuerwerthes ist wahrscheinlich der Grund, daß die Güter, nach ihren früheren Preisen, auffallend tiefer im Werthe gesunken sind, als Besitzungen in den Aemtern, wo gewöhnlich ein richtigeres Verhältniß beobachtet wurde, und wo manchmal das Areal nicht nach wirklichen Vermessungen, wie fast bei allen Gütern, sondern nach Tonnen=Aussaat angegeben ist. Das Mißverhältniß dieser Werthsbestimmung ist für die Besitzer adliger Gutsgründe um so drückender geworden, durch die mehrmaligen Erhöhungen der Steuer, besonders aber seitdem die Bankhaft hinzugekommen ist, und man angefangen hat, die Commune=Abgaben, z. B. die Concurrenz zu den Schullasten u. s. w. nach dem taxirten Steuerwerth des Landes zu repartiren. Letztere Anordnung ist vorzüglich höchst drückend und unbillig in denjenigen Gegenden, wo Besitzer adeliger Gutsgründe mit den Amts=Unterthanen, welche einen gleichen Boden benutzen, zu solchen Lasten, nach diesem Maaßstabe concurriren müssen. Nach allgemeinen Beobachtungen über den sinkenden Werth der Güter haben dieselben, unter gleichen Verhältnissen der Steuer=Ansetzung bei einer jeden Erhöhung der früher bestandenen Contribution um 50 Prozent, von ihrem Werthe 10 Prozent verloren. Da nun der Betrag der Contribution durch die neuen Steuern, wie ich bereits bemerkt habe, $2\frac{2}{3}$ mal oder um 239 Prozent erhöhet worden ist: so hat der Grundwerth schon dadurch $47\frac{1}{2}$ Prozent sinken müssen. Freilich ist er tiefer heruntergegangen, allein das ist durch andere eingetretene Umstände veranlaßt. Die niedrigen Preise der Produkte, wie sie während der letzten Handelssperre eintraten, mögen freilich für den Augenblick dazu beigetragen haben, allein die einzige Ursache können sie nicht gewesen seyn, sonst hätten die Güter sich jetzt (1818), wo der Handel frei ist und die Preise sehr annehmlich sind, zu der Hälfte ihres vorigen Standes heben müssen. Daran fehlt aber noch sehr viel. Eine andere Ursache des gesunkenen Grundwerths liegt also wohl

2) in dem veränderten Werthe des Geldes,

in dem merklich verminderten Numerair, dem Mangel an baarer Münze und dem fehlenden Zutrauen zu unsern bestehenden sonstigen Verhältnissen, zu der Unverletzlichkeit der Schuld- und Pfand-Protokolle, in dem tief gesunkenen Credit.

Der Werth des Geldes richtet sich nach der im Umlauf befindlichen Geldmasse, und ist zugleich abhängig von der innern Beschaffenheit dieses Tauschmittels. Besteht dieses zirkulirende Medium aus Papier: so ist der Werth desselben um so geringer und unsicherer, je größer die Masse ist, welche zirkulirt. Früher besaßen die Herzogthümer eine große Masse Papiergeldes. Schon damals stieg der Zinsenfuß, wegen des großen Geldbedarfs und der starken Nachfrage, zum Theil veranlaßt durch größere Ausgaben an den Staat sowohl als für die Wirthschaft, und sehr verminderte Einnahmen der Landbesitzer von 4 auf 5 Prozent. Durch Einführung der Silbermünze als alleinigen gesetzlichen Zahlungsmittels verminderte sich das Numerair ungemein. Natürlich, daß das übrige in ein höheres Werthsverhältniß gegen andere Dinge trat, und dem vortheilhaften Einfluß guter Preise und friedlicher Verhältnisse entgegen wirkte.

Der höhere Zinsfuß mußte direkt auf den Kaufpreis wirken, nicht bloß deshalb, weil nun mit demselben reinen Ertrage nur ein geringeres Capital gedeckt werden konnte, sondern auch darum, weil aus dem Ertrage der Wirthschaft die gleichfalls höheren Zinsen des vermehrten Betriebs-Capitals bestritten werden mußten. Dazu kam der Mangel an Zutrauen zu unseren Verhältnissen bei den Capitalisten des Auslandes, und das Mißtrauen der Geldverleiher in die sonst gesuchte hypothekarische Sicherheit. Ich enthalte mich, die Ursache dieses Mißtrauens zu entwickeln: sie liegen jedem Beobachter klar vor Augen.

Bei dem allgemeinen Wohlstande, wie er früher in den Herzogthümern herrschte, ward der durch die Steuererhebung verminderte Werth der Besitzungen nicht augenblicklich so fühlbar, als es der Fall sonst gewesen seyn würde. Wie aber hin und wieder Concurse ausbrachen und Güter zum Verkauf gestellt werden mußten, da erst offenbarte sich der gesunkene Werth in seiner ganzen Größe, und der Credit mußte in demselben Verhältnisse abnehmen.

Einen entfernteren, jedoch bedeutenden Einfluß auf den Kaufpreis der Landbesitzungen hat:

3) das erforderliche größere Betriebs-Capital.

Daß die Kosten des Landbetriebes im Laufe dieses Jahrhunderts sehr beträchtlich, zuweilen auf das Zweifache gestiegen sey, ist eine längst ausgemachte Erfahrung.

In Folge der Bemergelung sind manche neue Bauten nothwendig geworden, welche sehr bedeutende Capitale verschlingen. Das unbeständige, mehr feuchte als trockene Clima der Herzogthümer macht die Aufbewahrung unserer Ernten in Feimen unter freiem Himmel mißlich. Den enormen Strohertrag, durch die Bemergelung bewirkt, fassen aber die vorhandenen Gebäude lange nicht. Auch erfordert der zahlreiche Viehstand, welchen wir halten müssen, größere Stallungen. Daher die Nothwendigkeit, die Wirthschafts-Gebäude zu vergrößern, oder neue aufzuführen, deren Einrichtung und Unterhaltung ungemein kostbar fällt; zumal da die Baumaterialien und der Lohn der Handwerker, nebst vielen unentbehrlichen Inventarienstücken mehr gestiegen als gefallen sind, während die Abgaben anwuchsen, und der Werth der Güter, Gebäude und Inventarien eingeschlossen, höchst beunruhigend sank.

Die Bemergelung erheischt und begründet eine bedeutende Vermehrung des Pferde- und Viehstandes, auch dazu werden ansehnliche Summen erfordert.

Die Mergelwirthschaft vermehrt die Arbeit ungemein. Eine öftere, kräftige Bearbeitung ist unerläßlich, eine sorgfältigere Entwässerung nothwendig; die Ernte wird durch das häufige Lagerkorn weit schwieriger, der Ernte-, Stadt- und Mistfuhren giebt es ungleich mehrere, des Mergelfahrens selbst nicht zu gedenken. Es müssen mehr Dienstboten, mehr Tagelöhner angestellt, mehr Drescher engagirt werden. Dabei leidet natürlich das Geräthe, wird früher abgenutzt und unbrauchbar. Doch die vermehrte Arbeit des größern Inventariums ist es nicht allein, was den Bedarf eines stärkern Betriebs-Capitals motivirt, auch der in der neueren Zeit erhöhete Dienst- und Tagelohn trägt dazu bei *). Besonders sichtbar ward dies Steigen während des Krieges, als viele unserer besten Arbeiter im Militairdienste abwesend waren, und wir überdies noch ihre Familien versorgen, ihr Feld bestellen mußten.

Die Wahrheit der hier aufgestellten Erfahrungen fühlte gewiß schon mancher Landwirth, bemerkte den großen Vor-

*) Der Dienst- und Tagelohn, wenn gleich verhältnißmäßig noch immer zu hoch, modificirt sich dermalen doch immer mehr nach dem Preise der Produkte.

schuß, welchen er leisten mußte, den geringen Ueberschuß, der ihm blieb, die häufigen Geld-Verlegenheiten denen er ausgesetzt war, ohne sich deutliche Rechenschaft von den veranlassenden Ursachen dieser Erfahrung zu geben, welche so reich an Resultaten werden kann.

Wie groß dies Betriebs-Capital seyn müsse, läßt sich nicht durchgehends zutreffend beantworten, wenn man gleich den Grundsatz, daß ein Pächter das Doppelte der Jahrespacht aus dem Pachtstücke lösen müsse, wenn er bestehen soll, als ziemlich zutreffend annehmen kann. Genau kann eine solche allgemeine Angabe nicht allenthalben zutreffen, denn theils sind die Wirthschaftsarten verschieden wie der Boden, theils hängt die schnellere oder langsamere Beendigung der Arbeiten sehr von der Witterung ab, theils steht der Arbeitslohn in einigen Distrikten höher als in andern: deshalb erfordert die Wirthschaft dort mehr Betriebs-Capital als hier, und es lahmt manche Wirthschaft, weil der Wirth sich das erforderliche Betriebs-Capital nicht zu verschaffen weiß. Natürlich, daß die Resultate der Berechnungen nicht allenthalben zutreffen können. Dennoch ist eine, wenn auch nur annähernde Uebersicht interessant, und ich werde eine solche weiter unten zu geben suchen.

Daß dieser Bedarf eines größeren Betriebs-Capitals nachtheilig auf den Kaufpreis der Landgüter einwirken müsse, ist leicht begreiflich, wenn man erwägt, daß dadurch nicht nur manches Capital beschäftigt wird, welches sonst zum Ankauf hätte verwendet werden können, sondern daß auch die mehreren Zinsen dieses Capitals aus dem Ertrage des Landbaues gedeckt seyn müssen, ehe am Ueberschuß zur Verzinsung des Kaufgeldes zu denken ist.

4) Haben die Commune-Lasten

einen sehr großen Einfluß auf das Grund-Capital. Die Kosten des Armenwesens sind seit dem Eintritt des Krieges und der dadurch veranlaßten größeren Verarmung überall enorm gestiegen. Weit drückender würde aber diese Last geworden seyn, wenn nicht die Bemergelung der Felder in diesen Jahren so allgemein durchgeführt worden wäre, und der arbeitenden Classe der Landbewohner Gelegenheit gegeben hätte, überall Verdienst zu finden. Auf den Werth der Marsch-Ländereien äußert der Zustand der Deiche und Wasserlösungen, auf die bäuerlichen Besitzungen das Zehntenrecht, das Schulwesen — ob und wie es organisirt ist? — der Wegebau u. s. w. eine nicht unbedeutende Einwirkung.

Zu den Bestimmungsgründen des höheren oder geringeren Landwerths rechnet der Staatsrath Thaer noch die Landes-Verfassung, ob sie landständisch, repräsentativ, oder monarchisch ist, und im letzten Falle die Maximen der Regierung in Beziehung auf die Besteuerung des Grund-Eigenthums. Unstreitig ein wichtiger Punkt, welcher, nebst der militairischen Verfassung, von wesentlicher Bedeutung ist Wo die Pflicht der Landes-Vertheidigung allein auf dem Bauerstande ruht, ist der Dienstlohn immer hoch, und steigt um so höher, wenn das Militair beständig zum Dienste eingerufen ist.

Aber auch gute Ackerbau-Gesetze *),

eine zweckmäßige Gesindeordnung, eine wohlgeregelte Haus-, Land- und Feldpolizei, welche das Eigenthum schützt, und

---

*) Es wäre sehr zu wünschen, daß die Ackerbau-Gesetze in den Herzogthümern revidirt würden. Außer der Eintoppelungs Verord-

dem Hausvater Ansehen giebt; zweckmäßige Bewässerungs- und Entwässerungs-Gesetze, welche dem emporstrebenden industriösen Landmanne die Hand bieten, sind wichtige Erfordernisse, wenn die Landwirthschaft im Staate emporkommen soll. Jeder Zwang und jede Einschränkung in der freien Benutzung des Landes, jede Fessel, dem Handel und dem Umtausche der Produkte angelegt, vermindert den Landwerth. Welcher Fremde kauft sich einen Landbesitz, mit dem er nicht frei schalten kann, wenn er nicht spottwohlfeil zu haben ist — Welcher Pachter pachtet ein Gut zu einem ordentlichen Preise, wenn der Pachtcontrakt zu beschränkt ist? — Freiheit ist die Seele aller Gewerbe. Dem Bauerstande ist die Einschränkung der freien Benutzung seines Eigenthums durch Umtauschungen und Vertheilungen sehr nachtheilig geworden. Der durch Unglücksfälle zurückgekommene Bauer müßte die Freiheit haben, durch Verkleinerung seiner Landstelle sich bei dem Besitze zu erhalten, und es müßte demjenigen, welcher durch Fleiß und bessere Cultur sein Vermögen vermehrt hätte, erlaubt seyn, seinen Besitz zu vergrößern.

Aus dem Vorangeführten erhellet zur Genüge, warum der Werth der Landbesitzungen so weit heruntergegangen ist Man frägt nicht mehr, wie der Grundwerth so tief hat sinken, so mancher brave Wirth hat fallen können; man wundert sich vielmehr, daß der Boden noch diesen Werth behal-

---

nung haben wir keine andern, als welche in den verschiedenen Landrechten, dem Sachsenspiegel und dem Jütschen Lov enthalten sind. Die bloßen Gewohnheitsrechte lassen dem Richter ein zu weites Feld der Muthmaßungen, und öffnen der Chikane Thür und Thor. Dännemark ist in diesem Betracht weit glücklicher, es hat treffliche Gesetze in Hinsicht des Feldfriedens, der Entwässerung u. s. w.

ten hat, daß der Ruin seiner Anbauer noch nicht allgemeiner geworden ist. — Bald findet man dann, daß es der Erwerb und die Ersparniß früherer glücklicher Jahre, der vor dem Kriege herrschende Wohlstand — war, von dem Mancher zehrte in der harten Zeit, der Andere Gelegenheit und Credit verschaffte, das Uebergewicht ihrer Ausgaben durch Anleihen zu decken; — man findet, daß es der, durch den angestrengten, aufopfernden Fleiß des, dem drückenden Geschick sich entgegen stemmenden Landmannes veranlaßte höhere Ertrag der Felder war, was es ihm möglich machte, sich bis jetzt zu behaupten. Dankbar erkennt der Landmann den Segen des Himmels auf der reichen Flur in den dicht gedrängt wallenden Saaten: — mit Hoffnung sieht er einer glücklicheren Zukunft entgegen. Denn ist gleich manches schon besser geworden, so bedarf er doch noch mehr Erleichterung, und erwartet sie von der Milde einer wohlwollenden Regierung.

Mit dem so eben verhandelten Gegenstande stehen noch andere Fragen in naher Berührung, welche nicht übergangen werden dürfen, ohne mehrere der vorgetragenen Sätze im Dunkeln, manche Behauptung im Schwanken zu lassen.

Wenn die drückenden Verhältnisse hauptsächlich auf den Grundbesitzer lasteten, warum sind denn die Pachtpreise nicht im Verhältnisse zu der hochgesteigerten Produktion in die Höhe gegangen? Die Antwort ist leicht; — weil nämlich ein großes Betriebs-Capital erforderlich zu einer energischen Wirthschaftsführung, weil die Preise der Produkte so schwankend, zuweilen ungebührlich niedrig, weil oft die Bedingungen lästig und beschränkend sind.

Zuerst will ich von dem

Betriebs = Capitale,

wovon schon mehrmals die Rede gewesen ist, meine Ansicht umständlicher vortragen, und dabei die früher berührte Wirthschaft von 600 Tonnen des besten Weitzenbodens, worunter 60 Tonnen mit Holz bestanden, zum Grunde legen.

Hier wäre das stehende Capital folgendergestalt zu berechnen:

a. die Gebäude, deren Werth *) ich nur anschlagen will auf		12000 Rthlr.
b. 20 Baupferde à 75 Rthlr.		1500 —
1 Butterpferd		40 —
c. 160 Kühe, jede Kuh, jüngere und ältere im Durchschnitt zu 15 Rthlr.	2400 Rthlr.	
3 Rinder	40 —	
		2440 —
d. 20 Stück Schweine, à 6 Rthlr. . . .		120 —
e. An Geschirr zu den Pferden, mit Sätteln, Zäumen, Bügeln, Decken u. s. w. . . .		150 —
f. 5 vierspännige Wagen mit Körben, Leitern, Mist= und Erntegeräthen, nebst 2 zweispännigen Wagen und 4 Mergelkarren		470 —
g. Pflüge, Eggen, Walzen mit Zubehör . .		200 —
h. Meierei = Geräthe		300 —
i. Die sonst in der Wirthschaft erforderlichen Feld= und Klüter = Geräthe		100 —
Summa		17320 Rthlr.

*) Der Werth und die Unterhaltung eines sehr eleganten Wohnhauses kann einem Landbesitze nicht zur Last gelegt werden. Wer prächtig und mehr als bürgerlich bequem wohnen will, muß dazu besonderes Vermögen haben. In dieser Berechnung ist die Wohnung nur zu 2000 Rthlr. angenommen.

Zum eigentlichen **Betriebs-Capitale** wäre zu rechnen:

a. das nothwendige Haus-, Küchen-, Leinen-, Wasch-, Brau- und Backgeräthe, Volksbetten, Kornsäcke u. dgl. mit Zubehör . . . . 600 Rthlr.

b. das sämmtliche Sommersaatkorn und das erforderliche Pferdefutter bis zur nächsten Ernte 500 —

c. das Brod- und Grützkorn, Mehl, Fleisch, Speck und sonstige Haushalts-Bedürfnisse für das erste halbe Jahr . . . . 300 —

d. Gehalt und Dienstlohn:

1) dem Schreiber	75 Rthlr.	
2) fünf Knechten, einem Vogt	240 —	
3) zwei Kuhhirten	50 —	
4) zwei Jungen	40 —	
5) der Meierin und dem Balsenmädchen	80 —	
6) acht Meiereimädchen . .	160 —	
7) einer Haushälterin . . .	40 —	
8) dem Böttcherknechte . . .	50 —	
9) dem Gärtner, mit Inbegriff der erforderlichen Tagelöhner für den Garten	150 —	
		885 —

e. zum Tagelohn *) in der Wirthschaft . . . 800 —

Latus 3085 Rthlr.

*) Der Tagelohn ist sehr verschieden. Gewöhnlich giebt man, bei eigener Beköstigung, im Sommer 12 Schilling, in der Ernte 14 Schilling, und im Winter 8 bis 10 Schilling. Der Tagelohn weiblicher Arbeiter steht in der Regel 2 Schilling niedriger. Auf den Gütern sind die Arbeitsstunden gesetzlich bestimmt. Wo der Tagelöhner freie Wohnung, Gartenland und Feuerung hat, arbeitet er allerdings wohlfeiler. Solche Verhältnisse können hier

	Transport	3085 Rthlr.
f.	für Arbeiten im Verdinge, z. B. Knicken, Graben, Holzschlagen, Torfstreichen u. s. w. mit Ausschluß des Mergelfahrens . . .	250 —
g.	zu Kleesaamen	55 —
h.	zu Bedürfnissen der Haushaltung, Reisekosten u. s. w.	400 —
i.	Meierei-Bedürfnisse, Salz, verschiedene Geräthe, welche in der Stadt gekauft werden müssen	40 —
k.	für Nutzholz zu Meierei- und Ackergeräthen	50 —
l.	zur Rekrutirung des Viehstapels, nach Abzug des für den Abgang zu lösenden, incl. der Arzeneien	350 —
m.	zur Ergänzung der abgehenden Pferde, (jährlich 2) à 75 Rthlr. incl. der Arzeneien . .	160 —
n.	die Sattler-Rechnung, item Seilerwaaren, Wagenschmiere u. s. w.	50 —
o.	für Wagner-Arbeit, excl. des Holzes . .	30 —
p.	Kosten des Hufbeschlages	60 —
q.	für sonstige Schmiede-Arbeiten an Wagen, Pflügen, Eggen und Geräthen	150 —
r.	zur Unterhaltung der Gebäude, mit Inbegriff neuer Bauten und Haupt-Reparaturen, nach einem Durchschnitt mehrerer Jahre werden ausgeworfen, incl. des Brand-Versicherungs-Geldes	400 —
	zusammen	5080 Rthlr.

---

nicht in Betracht kommen. Sie sind eine Art halben Hofdienstes, welcher mit dem Besitze erkauft ist, und die Kaufsumme erhöhet hat. In der Nachbarschaft der Städte sowohl als in den Marschen wird oft ein beträchtlich höherer Tagelohn gegeben.

Nehmen wir nun an Zinsen für das stehende Capital 7 Prozent, und für das Betriebs-Capital 12 Prozent: so sind bloß an Zinsen aufzubringen:

für 17320 Rthlr. à 7 Prozent	1212 Rthl.	19	Schilling
für 5080 Rthlr. à 12 Prozent	609 —	29	—
zusammen	1822 Rthl. *)		

Ich sehe es voraus, daß diese Summe Manchen befremden wird. Wer nie über große Wirthschaften Rechnung führte, der glaubt es nicht, daß der Abgang so beträchtlich ist, ehe von dem Netto-Provenue die Rede seyn kann. Dem praktischen Landwirthe, welcher ohne bedeutendes Vermögen allein von seinem landwirthschaftlichen Gewerbe leben soll, sage ich nichts Neues. Solche Oekonomen aber, welche andere Einnahmen oder Nebengewerbe haben, als z. B. Beamte, Prediger, Landwirthe, die zugleich Holz-, Torf- oder Viehhandel treiben, — können hierin nichts entscheiden, wenn sie nicht durch sehr genaue Buchführung die Einnahmen und Ausgaben der verschiedenen Branchen sorgfältig trennen. Die Einnahmen, welche ihnen aus ihrem Berufe oder aus andern Erwerbsquellen zufließen, verschaffen ihnen die Mittel, ihren Landbau mit hoher Energie zu betreiben; werden aber diese fremdartigen Zuschüsse nicht berechnet, so muß ein ganz falsches Resultat erfolgen.

Bei Gütern mit vielen Hofdiensten steht die Rechnung freilich anders; allein nur scheinbar. Wird der Kosten-

*) Ich wiederhole, daß diese Berechnung nur ein ohngefährer Anschlag ist und seyn soll, weil die Verschiedenheit der Verhältnisse, die Mannigfaltigkeit der Wirthschaften, der Unterschied der Jahre u. s. w. zu viele Abweichungen geben, als daß es möglich wäre, eine allgemein zu treffende Balanze aufzustellen.

preis der Dienste, hervorgehend aus dem Pachtwerth des Landes, welches die Hofdienstpflichtigen benutzen, den Unterhaltungskosten der Gebäude, welche sie bewohnen, und den Ausgaben für ihre Versorgung in Alter und Krankheit — berechnet: so sind sie gewöhnlich so kostbar, oft kostbarer, als der höchste Tagelohn, welcher gegeben wird. Der einzige reelle Vortheil solcher Hofdienste besteht darin, daß man ihrer auch in den pressantesten Erntetagen immer sicher ist.

Mehr noch läßt sich in diesem Betracht zum Vortheil der kleinen Wirthschaften sagen, wo der Wirth selbst mitarbeitet. Solche Wirthe halten verhältnißmäßig mehr Dienstboten, und geben weniger Tagelohn aus, stehen sich auch besser dabei, weil der Dienstlohn nicht so kostbar wird, als der Tagelohn. Der Bauer kann seine Leute mehr beisammen halten, und sie fortwährend unter Aufsicht haben, was dem Verwalter oder Pachter nicht immer möglich ist. Solche kleine Wirthschaften brauchen verhältnißmäßig bei weitem kein so großes baares Betriebs-Capital als die größeren. Das Arbeits-Vermögen eines fleißigen Wirths ersetzt einen großen Theil dieses Capitals. Allein es wird von den Produkten auch weit mehr consumirt, und ganz vom Betriebs-Capital entblößt bleibt auch der kleinste Bauer eine armselige Creatur.

Aus der vorstehenden Uebersicht ergiebt sich das vom Pachter zu berechnende Betriebs-Capital, und ein solcher muß, wenn er bei der Pacht bestehen, und in guten Jahren etwas erübrigen soll, außer der Pachtsumme noch aufbringen, wenn er Inventarium und Beschlag mit dem Hofe vollständig übernimmt, und für die kleineren Reparaturen steht:

a. zur Unterhaltung der Gebäude etwa . . .	150	Rthlr.
b. Gehalt und Gesindelohn	885	—
Latus	1035	Rthlr

Transport	1035	Rthlr.
c. Tagelohn	800	—
d. zu den verdingten Arbeiten	250	—
e. zu den Bedürfnissen der Haushaltung, welche angekauft werden müssen, Reisegeldern u. s. w.	400	—
f. Meierei-Bedürfnisse u. s. w.	40	—
g. zur Rekrutirung des Viehstapels	850	—
h. zur Ergänzung des Pferde-Bestandes . .	160	—
i. für Nutzholz	50	—
k. Sattler-Rechnung, Seilerwaaren, Wagenschmiere	50	—
l. Wagner-Arbeit u. s. w.	32	—
m. Hufbeschlag und Schmiede-Arbeit . . .	210	—
n. Kopfsteuer	27	—
o. Zinsen des Betriebs-Capitals, (nach Abzug von 250 Rthlrn. an Baukosten, welche der Besitzer zu tragen hat) für circa 4804 Rthl. à 12 Prozent rund	576	—
zusammen	3980	Rthlr.
dazu die Pacht	3240	—
Summe des Bedarfs	7220	Rthlr.
In der Uebersicht des Ertrages ist die rohe Einnahme berechnet zu	7538	—
mithin Ueberschuß	318	Rthlr.

Erwägt man nun, daß der Pachter mit seiner Familie davon leben, für schlechtere Zeiten und das Alter etwas zurück legen, das Risiko ungünstiger Witterung oder des Viehsterbens, den Abschlag minder reicher Jahre tragen soll: so ist es nicht zu bewundern, wenn die Pachtungen nicht höher gehen, und dies um so weniger, da die Pacht-Contrakte noch häufig lästige und einschränkende Nebenbedingungen enthalten, und die Pachtzeit manchmal zu kurz ist, um wesentliche, kostbare Meliorationen ohne Nachtheil vornehmen zu können. Wer ein rohes Gut pachtet, der muß den Contrakt wenigstens auf einen ganzen Saaten-Umlauf abschließen, und es muß ihm frei stehen, in den beiden ersten Jahren zwei Schläge jährlich zu bemergeln, sonst bringt er die Kosten der Meliorationen, welche er verwenden muß, nicht heraus. Ein Pachter, welcher ein rohes, noch unbemergeltes Gut übernimmt, muß ein sehr bedeutendes Capital daran wenden können, denn ganz wohlfeil pachtet er es nicht, weil Jeder auf den reichen und sichern Ertrag im ersten Turnus nach der Bemergelung spekulirt. Er muß den Aufwand der Bemergelung wenigstens 4 Jahre kreditiren können, ehe er Zinsen von dem dazu verwendeten Capitale ziehen kann. Im dritten Jahre wird er freilich einigen Ueberschuß haben, allein das 3te und 4te Pachtjahr müssen ihm auch den Verlust der ersten Pachtjahre ersetzen. Ein oberflächlicher Anschlag wird das Gesagte bestätigen. Die Kosten der Bemergelung mit Inbegriff der Pferde und Karren, welche für das Mergelfahren besonders angeschafft, gehalten und unterhalten werden müssen, so wie die Entwässerung der Grube, nehme ich an zu 10 Rthlr. per Tonne. Dies beträgt für Schläge zu 40 Tonnen schon in den beiden ersten Jahren 1600 Rthlr. Vor dem Kriege war dem Eigenthümer oder Pachter die Aufbringung dieses Geldes, bei einigem persönlichen Credit, nicht schwer. Auch durfte er, in Hinsicht des zu erwartenden Gewinnes, nicht lange zweifelhaft seyn, ob er ein so bedeutendes Capital daran wenden wolle. Allein nach dem Ausbruche des Krieges, dem Eintritte der Handelssperre, dem Sinken der Produkte wie des Credits, und dem Steigen der Abgaben, ward es selbst dem Eigenthümer oft schwer genug, diese Operation, welche dem Landmanne noch die einzigste Hülfsquelle öffnete, durchzusetzen. Mancher, der sich gern hätte halten und Jedem gerecht werden können, wenn er vermocht hätte, das zur Mergelung erforderliche Capital aufzubringen, mußte, wie ich schon früher bemerkte, seinen Besitz verlassen.

Ueberhaupt ist nichts thörichter, und, ich möchte sagen, gefährlicher, als mit einem unzureichenden Vermögen sich in den Besitz einer großen Landwirthschaft zu setzen *). Muß beim Ankaufe der größte Theil des Vermögens zur Begründung des Credits, zum Abtrage der ersten Zahlungs-Termine, oder bei einer Pachtung zur Ausbezahlung der Pränumeration verwendet werden: so fehlt's dem Wirthe gleich an dem Betriebs-Capitale, dem eigentlichen Hebel der ganzen Landwirthschaft. Wer bei dem Landbau etwas verdienen will, muß auch etwas daran wenden können. Mit beschränkterem Vermögen pachtet man lieber Holländereien. Der Holländerei-Betrieb erfordert, außer der Pränumeration, nur ein unbedeutendes Betriebs-Capital. Das Inventarium ist größtentheils Eigenthum der Gutsherrschaft; dem Holländer gehören allenfalls die Mastschweine und ein Paar Pferde. Er hat daher kein so großes Risiko als der Pächter einer completten Landwirthschaft."

Daß der Kaufpreis unserer Güter auch in bessern Zeiten weit unter der Summe, welche durch den Pacht-Ertrag verzinset werden könnte, geblieben: sucht Herr Iversen folgendermaßen zu erklären.

„A. Weil der Eigenthümer noch vieles aus der Pacht-

*) Goldene Worte!

summe berichtigen muß, und nur der Ueberschuß zur Deckung der Zinsen verwendet werden kann, und zwar:

1) die Abgaben an den Staat. Diese betragen von einem Hofe, wie der zum Beispiel aufgestellte:

a. an ordinairer Contribution für 6 Pflüge, 100 Tonnen auf 1 Pflug gerechnet, à 28 Rthlr. . .	168 Rthlr.		
b. Landsteuer.			
Das steuerpflichtige Areal beträgt 540 Tonnen zu 240 Q.-Ruthen oder 498 Steuertonnen von 260 Q.-Ruthen. Die zu 100 Rthlr. taxirte Tonne à 20 ßl. sind	207	—	24 ßl.
c. Die Reichsbankzinsen	194	—	10 —
Das Capital der Bankhaft beträgt, nach 6 Prozent von dem Taxationswerth berechnet, 2988 Rthlr., welche mit 6½ Prozent verzinset werden.			
zusammen	569 Rthl.		34 ßl.

2) Commune-Lasten, als:

a. Ritterschaft-Anlagen à Pflug circa 24 ßl.	3 Rthlr.		
b. Abgaben an den Credit-Verein, à Tonne 1½ ßl.	18	—	36 ßl.
c. an Salair des Gerichtshalters, und überhaupt mit der Justiz und Polizei verknüpften Unkosten . . .	100	—	= —
d. Kirchen-, Schulen-, Armen-, Militair- und			
Latus	121 Rthlr.		36 ßl.

	Transport	569 Rthlr. 34 ßl.
Transport 121 Rthlr. 36 ßl.		
Remonte-Wesen, nebst sonstigen öffentlichen Anstalten à Pflug 35 Rthlr. . . . . 210 — = —		331 — 36 —
3) Die Unterhaltung der Gebäude, in sofern sie größere Reparaturen erfordern und neue Bauten, nach einem mehrjährigen Durchschnitte, ohne jedoch auf Unglücksfälle zu rechnen		250 — = —
4) Zinsen des stehenden Capitals, mit Einschluß der eben erwähnten 250 Rthlr. vom Betriebs-Capital		1242 — 19 —
	zusammen	2293 Rthlr. 41 ßl.
	Die Pachtsumme beträgt	3240 — = —
Bleiben zur Deckung der Zinsen des Grund-Capitals		946 Rthlr. 7 ßl.

Mithin wäre der Grundwerth des Guts, ohne Gebäude und Inventarium; bei 5 prozentlichem Zinsenfuße 18920 Rthlr.

Der Kaufwerth mit Einschluß der Gebäude und des vollständigen Inventarii	36240 Rthlr.
Davon ab, die Bankhaft	2988 —
bleiben	33252 Rthlr.

Wer mit wenigern Zinsen für sein anzulegendes Grund- und Betriebs-Capital zufrieden ist, kann natürlich ansehnlich theurer kaufen.

B. Wegen des sehr bedeutenden Risiko's, welches mit dem Besitze eines Landgutes verbunden ist. Mögen Kriegs-

Unruhen eintreten, oder Remissionen begründende, allgemeine Calamitäten, als Viehsterben, Mißwachs, Hagelschlag u. s. w. das Land heimsuchen, oder mag die Regierung von gebietenden Umständen gezwungen, zu durchgreifenden, das Eigenthum gefährdenden Maaßregeln schreiten — der Nachtheil fällt zuletzt auf den Grundbesitzer zurück.

C. Wegen der Gelegenheit, manchmal Capitale in andern Gewerben vortheilhafter und freier zu benutzen, und dabei ihrer mehr Herr zu bleiben.

Ursachen genug, warum der Güterpreis nicht steigt, und noch weit unter der Steuertaxe steht."

Anhang.

Abriß der Fehmernschen Landwirthschaft.

Die Insel Fehmern liegt in der Ostsee, im 55sten Grade nördlicher Breite, zwischen Laaland und der holsteinischen Provinz Wagrien, gehöret zu dem deutschen Theile der dänischen Staaten, und ist etwa 2½ Meilen lang und 1½ Meilen breit. Die Oberfläche ist im Ganzen sehr eben, und zeigt nur hin und wieder einzelne kleine Anhöhen, sie neigt sich sanft gegen das Meer, und scheint noch lange im Wasser fortzulaufen. Dieser Umstand erschwert denn besonders die zuweilen nothwendige Entwässerung der Ländereien, indem das Seewasser oft in gleicher Höhe mit den Abzugsgräben steht, und keine Ergießung derselben gestattet. An einigen Stellen erreicht sogar das Seewasser bei starken Nord- und Nordost-Winden oft einen so hohen Stand, daß man dem Eindringen desselben durch Schleusen vorzubeugen gesucht hat. An Holz leidet diese Insel großen Mangel, nur sehr einzeln trifft man einige kleine Büsche an; eben so wenig giebt es hier Quellen und Bäche, und ein stetes Einerlei ermüdet das Auge. Man kann hiervon ziemlich richtig auf die Beschaffenheit des Klimas schließen. Da der Gewalt der Winde nichts entgegensteht, so ist die Witterung stets rauh; der Herbst ist in der Regel sehr stürmisch; der Winter giebt viel Schnee, und die Nachtfröste des Frühjahrs dauern weit ins Jahr hinein, so daß also auch die Vegetation sehr spät eintritt, und man oft den Kirschbaum in der Mitte des Mai noch blüthenlos antrifft. Die Heuernte beginnt gewöhnlich mit dem 25sten Juli, und die Getreideernte meistens in der Mitte Augusts. Die Temperatur ist im Sommer sehr verschieden, je nachdem die Winde sich regen. Der häufige Regen und Schnee schützt die Insel gegen Mangel an Wasser, und ersetzt die fehlenden Bäche und Quellen.

Ungeachtet des nicht sehr angenehmen Klimas ist der Boden dieser Insel der Vegetation doch nicht abgeneigt, und die reichen Ernten, die man hier thut, geben den sprechendsten Beweis davon. Der Boden ist vielmehr von vorzüglicher Güte, und außer den Marschen trifft man seines Gleichen nur selten in Schleswig-Holstein; seine Hauptbestandtheile sind Lehm und Sand, welche fast durchgängig mit einem großen Theil Humus vermischt sind, er hängt nicht stark zusammen, läßt sich ziemlich leicht bearbeiten, und erweicht nach erfolgtem Regen sehr bald. Die Tiefe der ackerbaren Krume beträgt 1 bis 1½ Fuß; der Untergrund besteht aus gleichem, zuweilen auch röthlichem Lehm, und ist nach Verhältniß seiner Mischung mit Kies mehr oder weniger durchlassend. Unter diesem ist ein Lager von Kies von unbestimmter Tiefe. In niedern Wiesengründen ruht die Dammerde wohl auf einer Schicht von Kalkmergel, auf welche ein Sandlager folgt.

Daß ein solcher Boden nicht ohne Unkräuter ist, läßt sich leicht denken, auch findet man sie wirklich in großer Menge und von der nämlichen Art, wie in Holstein und andern Ländern. Die hiesigen Landwirthe sind aber auch sehr thätig, um sie zu vermindern, und überall trifft man eine Menge Menschenhände beschäftigt, Disteln auszustechen, oder Quekken auf dem gepflügten Lande zusammen zu harken, Wildhafer auszuziehen u. s. w. Da es hier an Menschenhänden nicht fehlt, so hat man bis jetzt auch noch keine Ursache gehabt, auf Einführung künstlicher Geräthschaften zur Vertilgung des Unkrauts zu denken, um so weniger, da die Klasse dürftiger Weiber und Kinder sehr zahlreich ist.

Der natürlichen Beschaffenheit und Lage der Insel verdanken es ihre Bewohner, daß sie mit wenigem Ungeziefer zu kämpfen haben. Der Mangel an Holzungen und lebendigen Befriedigungen hält Maulwürfe, Maikäfer und andere Thiere entfernt, selbst Feldmäuse trifft man nur selten; dagegen aber ist der Erdfloh auch hier eine große Landplage, und richtet besonders in nassen Jahren an Erbsen, Wicken und andern Sommerfrüchten großen Schaden an.

Der Absatz der Landes-Erzeugnisse dieser Insel findet vornehmlich nach Flensburg und Kopenhagen Statt, er würde aber eine bedeutendere Ausdehnung haben, wenn Fehmern nicht von Natur hinsichtlich eines guten Hafens ganz vernachlässigt wäre.

Die Zahl der Einwohner ist ungefähr 7500; die Sterblichkeit ist hier verhältnißmäßig größer als im übrigen Schleswig-Holstein.

In den frühern Zeiten hausten hier Slaven und Wenden; 1100 Jahre nach Christi Geburt gehörte diese Insel schon zum dänischen Reiche. Verheerende Eroberungskriege entvölkerten sie in den folgenden Jahrhunderten, und nach manchem Wechsel der Oberherrschaft kam sie 1713 auf immer an Dännemark. Gegenwärtig wird sie zum Herzogthum

Schleswig gerechnet, und steht unter der Gerichtsbarkeit des Königlichen Obergerichts zu Gottorp.

* * *

Die Bewohner von Fehmern haben ihre väterliche Einfachheit hinsichtlich ihrer Kleidung noch bis jetzt erhalten, und der Luxus kann noch keine Herrschaft über sie gewinnen. Zu den Eigenthümlichkeiten der weiblichen Kleidertracht gehört für die Werkeltage eine hinten ausgespitzte und am Gesichte dicht anliegende Mütze von buntem Zeug, mit Tressen besetzt; an festlichen Tagen schmücken sich die Frauenzimmer mit der sogenannten Valke, einer Art von türkischem Turban, auf dessen unverschlossenem Obertheile das Haar mittelst einer langen silbernen Nadel zusammengesteckt wird. Ein solcher Kopfputz erbt wegen seiner Kostbarkeit und wenigen Gebrauchs von der Urmutter auf die späteste Enkelin. — Die Männer kleiden sich wegen der freien Lage des Landes und wegen der Schärfe der Seeluft vorzüglich warm, besonders aber bedecken sie den Kopf, selbst in den wärmsten Tagen, sehr ängstlich mit einer Kappe und einem darüber gestülpten Hute.

Im Ganzen herrscht auf Fehmern eine ziemliche Gleichheit der Stände, und diese ist sehr natürlich, denn es existirt daselbst nur die Stadt Burg mit kaum 300 Feuerstellen, und die städtischen Nahrungszweige sind daher mit den ländlichen sehr enge verbunden. Der Charakter dieser Insulaner ist eben darum auch sehr leicht zu bezeichnen, und die Hauptzüge desselben sind: ein gewisser Grad Selbstgefühl, Unerschrockenheit, Selbstschätzung, Nationalstolz, Erwerbsfleiß und Sparsamkeit. An geistiger Bildung fehlt es ihnen noch sehr.

Ein Hauptzug ist, wie schon bemerkt, eine löbliche Sparsamkeit, die sich besonders darin zeigt, daß alle Geldausgaben für Nahrungsmittel vermieden werden. Das selbst erbauete Korn liefert Mehl, Brod und Grütze, der Viehstand Milch, Butter und Fleisch. Im Herbste wird so viel eingeschlachtet, daß es bis wieder zum Herbste ausreicht, und nur in besonderen Fällen kommt einmal zur Abwechselung frisches Fleisch auf den Tisch. Dagegen stehn die Bewohner Fehmer's in dem Rufe, daß sie in der Speisung ihrer Handarbeiter etwas verschwenderisch sind, und davon mag es wohl kommen, daß der Gesundheitszustand und die Arbeitsfähigkeit jener Menschenklasse schon frühzeitig auffallend geschwächt erscheinen.

Die Fehmeraner sind so sehr an fette Speisen gewöhnt, daß das sogenannte Fleesch=Fatt, d. h. eine Schüssel mit geräuchertem Rindfleisch, Speck, Würsten u. s. w., bei keiner ihrer Mahlzeiten fehlen darf. Im Sommer wird sogenannter saurer Käse, mit Bier und süßer Milch übergossen, zu diesem Gerichte genossen; den Schluß der Mahlzeit macht dann wohl eine Speck= oder Pökelfleischsuppe. Als Nationalgerichte verdienen die Speckgrütze und Fehmernschen Klöße einer besondern Erwähnung. Erstere besteht aus einer mit Speck gekochten Milchgrütze, an welche zuweilen auch noch Butter gethan wird; die Klöße werden in Fett oder Butter gebraten, und dem Gesinde alle Abende regelmäßig vorgesetzt, sie verlangen einen guten Magen. Der Hausherr ißt mit seinen Leuten aus einer Schüssel. Bier ist das gewöhnliche Getränk, und jeder Bauer brauet dasselbe in jetziger Zeit selbst, woher es denn rührt, daß die städtischen Brauereien ganz in Verfall gerathen, wozu denn aber auch die geringe Güte des Bieres seinen Theil beiträgt, indem man von wenigem Malz viel Bier macht, und statt des Hopfens Wermuth dazu mischt. Neben dem Bier wird auch viel Brannt=

wein konsumirt; man glaubt desselben bei der rauhen und feuchten Beschaffenheit des Klimas durchaus nicht entbehren zu können. Ohne Rücksicht auf die Tageszeit wird Branntwein getrunken, und jedem Besuchenden, selbst Frauensleuten, vorgesetzt. Zwar kennt man hier auch die bezaubernden Löschungsmittel weiblicher Zungen, Thee und Kaffee, allein nur die Hausfrauen mit ihren Töchtern halten sich daran, Männer weniger, und für Knecht und Magd hat die Speckgrütze den Vorzug. So sparsam man hier zu leben sucht, so ist doch die Erhaltung der Haushaltungen ziemlich kostbar, und die Konsumtion an selbst gewonnenen Erzeugnissen sehr groß. Eine Haushaltung z. B., die aus dem Hausvater, der Hausmutter, einem noch unerwachsenen Kinde, zwei Knechten und zwei Mägden bestand, und die während der Erntezeit 7 Arbeiter und auf 7 Wochen im Winter 2 Drescher hatte, bedurfte 12 Tonnen (circa 32 Berl. Scheffel) Rocken, 15 Tonnen Weitzen (40 Berl. Scheffel), und außerdem noch Gerste, ferner 4 Schweine, einen Ochsen und eine Kuh zum Einschlachten, nebst Butter von 9—10 Kühen zu ihrem Unterhalt. Hierbei sind Fische und andere Speisen noch zu berechnen, welche ebenfalls nicht selten vorkommen. Man kann fast annehmen, daß von dem jährlichen Ertrage einer Stelle von etwa über 100 Tonnen Landes (à 240 Q.-Ruthen = 2624 Magd. Morgen), drei Achtel zur Bestreitung der innern Haushaltung aufgehen, oder von dem Wirthschafts-Personal verzehrt werden.

Wenn auch den Bewohnern dieser Insel im Allgemeinen der Hang zur Geselligkeit und freundschaftlichem Umgange nicht nachgerühmt werden kann, so sind sie doch keineswegs Feinde von allen Schmausereien, vielmehr wird von jedem jährlich wenigstens eine dergleichen angestellt, wozu die vornehmsten Verwandten und Bekannten, so wie auch die ersten Beamten auf der Insel eingeladen werden. Bei solchen Gelegenheiten zeigt sich der Luxus mehr in der Quantität als in der Qualität der aufgetragenen Speisen. Noch sorgfältiger benutzt man die durch Geburten, Heirathen und Sterbefälle gegebenen Veranlassungen zu Schmausereien. Nicht selten werden 60 bis 100 Personen zu einer Kindtaufe eingeladen, und von minder Bemittelten mit Fleischsuppe, Klößen, Reis, Braten, Bier und Branntwein, von Vermögenden aber auch noch mit Fischen, Wein, Kaffee, Thee und feinem Backwerk regalirt. Sogenannte Grabbiere und Hochzeiten sind nicht minder luxuriös, besonders scheint man für erstere, oder für Alles, was einem Leichenbegängnisse äußerliche Feierlichkeit zu geben vermag, große Vorliebe zu haben. Eine besondere Veranlassung zu gesellschaftlichen Vergnügungen geben hier auch die sogenannten Vetterschaften, wo die sämmtlichen Mitglieder einer Familie die Einkünfte einer vor langen Zeiten gemachten Familien-Stiftung in zwei- oder dreijährigen Schmausereien mit einander verzehren.

Die Haupt-Beschäftigung auf Fehmern ist Landwirthschaft. Die Führung einer solchen erfordert, wie oben bemerkt wurde, großen Aufwand, um so mehr, da die dortigen Handarbeiter in Hinsicht der Kost, wovon sie alltäglich vier verschiedene Mahlzeiten bekommen, sehr verwöhnt sind. Das eigentliche Gesinde besteht in der Regel aus Eingebornen. Ein Bauer, welcher 25 bis 30 Drömbsaat (34 bis 40 Tonnen) Land besitzt, hält gewöhnlich 2 Knechte und 2 Mägde. Der Besitzer von 50 Drömbsaat hat auch nicht mehr, und er gewinnt dabei sehr viel. Ein Meisterknecht erhält 25 bis 30 Rthlr. Lohn, und außerdem ein Paar Schuhe; ein Jungknecht bekommt 14 bis 15 Rthlr.; eine Magd 8 Rthlr. und daneben 2 Paar Schuhe und 20 Ellen halb hedene halb flächsene Leinewand. Gegenwärtig ist das Gesindelohn etwas niedriger gestellt.

Gegen die Erntezeit kommen aus den benachbarten holsteinischen Gegenden mehrere Hundert Tagelöhner nach der Insel, jeder Landmann sucht sich die nöthige Anzahl davon und zwar im Verdinge zu verschaffen. Bei einem Ackergute von 30 bis 50 Drömbsaat pflegt man deren 6 bis 7 anzunehmen. Das Verdinglohn richtet sich in der Regel nach der Konkurrenz oder dem Anbieten und der Nachfrage. Ein Mäher erhält für die ganze Dauer der Erntezeit 15—18 Mark (5—6 Rthlr.), ein Abraffer 9—10 Mark, und ein Binder 12 Mark, nebst völlig freier Kost. Das durch fremde Arbeiter theilweise beschaffte Ausdreschen des Getreides wird nach Maaßgabe der minderen oder höheren Ergiebigkeit des Korns gelohnt. Das mittlere Drescherlohn betrug vor einigen Jahren pro Tonne Weitzen oder Rocken 3 Groschen, für Gerste und Hafer aber die Hälfte. Zwei Drescher können täglich füglich $2\frac{1}{2}$ bis 3 Tonnen Weitzen ausdreschen, ein jeder würde folglich wöchentlich 1 Rthlr. verdienen. Ein gewöhnlicher Tagelöhner erhält in den langen Tagen bei freier Kost 6 Schillinge; die Anzahl dieser Leute auf der Insel ist minder groß, als man glauben sollte, und der holsteinische Arbeiter behält bei den dortigen Landwirthen, wegen seiner größeren Geschicklichkeit und Fertigkeit im Arbeiten, den Vorzug vor den Eingeborenen.

Fehmern hat seine Volksmenge und seinen Wohlstand hauptsächlich der Güte des Bodens, seiner ebenen Lage, und dem leichten Absatz seiner Erzeugnisse zu Wasser zu verdanken. Kein Wunder also, daß nur noch sehr weniges Land vorhanden ist, welches noch nicht kultivirt wäre, zumal da

Freiheit

Freiheit und Eigenthum, diese kräftigen Beförderungsmittel menschlicher Betriebsamkeit, unter diesen Insulanern ihren Sitz schon längst aufgeschlagen haben. Als das letzte Beispiel der Befreiung von dem Joche der Lehnsverfassung weiß man nur noch das Dorf Heinrichsdorf zu nennen, dessen Einwohner 1615 ihr Dorf mit sämmtlichen Ländereien ihrem Edelmann abkauften. Obgleich der dasige Boden nur zu dem mittelmäßigen der Insel gehört, so genießen doch die jetzigen Besitzer eines Wohlstandes, den sie in den frühern Verhältnissen nie erreicht haben würden. — In den Händen solcher freien Besitzer befindet sich gegenwärtig das ganze Grundeigenthum der Insel, welches 11399 Drömbtsaat Ackerland und 2168 Drömbtsaat Wiesen, zusammen 13278 Drömbtsaat *) oder 17911 Tonnen 6 Scheffel (die Tonne zu 320 Q.-Ruthen) ausmacht. Wenn Freiheit und Eigenthum zum Emporkommen der Landwirthschaft auf Fehmern wirken, so verdankt der Boden seinen hohen Kulturgrad dem Umstande, daß das Besitzthum aus den Händen des Vaters auf den Sohn übergeht, der wieder für seine Söhne und Enkel unverdrossen arbeitet. Ein dritter Vortheil für die zweckmäßige Benutzung und Verbesserung der Grundstücke ist endlich auch der, daß in der Regel keine ganzen Besitzungen, sondern nur einzelne Landstücke verpachtet werden, niemand also durch die Besorgniß des Auspachtens von seinen Unternehmungen und Grundverbesserungen abgehalten wird. Auch die zum Theil nur geringe oder mittelmäßige Größe der Besitzungen trägt zur sorgfältigern Kultur bei. Außer den drei auf Fehmern befindli-

*) Ein Drömbtsaat (eine von dem früher gewöhnlichen Getreidemaaße entnommene Benennung) hält 12 Schippsaat oder 48 Faßtsaat. Ein Drömbtsaat enthält daher 432 Q.-Ruthen, 1 Schipp- oder Scheffelsaat 36, und 1 Faßtsaat 9 Q.-Ruthen.

chen, vorzugsweise sogenannten Höfen: Katharinenhof von 150, Staberhof von 120, und Flügge von 80 Drömbtsaat, haben die Bauern oft unter 10—18, und nicht über 30 Drömbtsaat kontribuablen Acker. Stellen der letzteren Art werden schon für beträchtlich gehalten.

Die Abgaben von diesen Bauergütern sind nicht unbeträchtlich. Außer den gewöhnlichen Lasten, welche auf allen schleswig-holsteinischen Grundstücken haften, deren wir an einem andern Orte gedachten *), haben sie noch zu tragen: 1) die Landausschußsteuer, welche statt der wirklichen Leistung des Militairdienstes entrichtet wird, und $2\frac{1}{2}$ Schilling pro Drömbtsaat, mithin zusammen etwa 540 Rthlr. beträgt; 2) die Nahrungssteuer, welche von Handwerkern und Handeltreibenden nach verschiedenem Maaßstabe entrichtet wird; 3) die Zollabgabe, welche auf 2000 Rthlr. jährlich berechnet werden kann; 4) das Schutzgeld oder Instengeld, welches von den Einliegern bezahlt wird, und jährlich pro Familie von 24 bis 36 Schilling, zuweilen gar 1 Rthlr. beträgt; 5) die Kopfsteuer mit 1 Rthlr. 2 Schilling jährlich für die Person; 6) Ein Viertel-Prozent-Steuer, deren jährlicher Ertrag von der ganzen Insel 600 Rthlr. betragen soll. — Nach glaubwürdigen Angaben dürfte sich die jährliche Abgabensumme von Fehmern auf 25000 Rthlr. berechnen lassen, eine Summe, die bei dem geringen Umfange der Insel auf die hohe Fruchtbarkeit ihres Bodens mit Sicherheit schließen läßt, so wie auch auf den allgemeinen Wohlstand ihrer Einwohner.

* * *

Außer den oben genannten größeren Höfen giebt es keine einzelne und zerstreut liegende Besitzungen; die Wohnungen

*) S. Land- und Hauswirth, Junyheft 1825.

der Landbewohner sind in Dörfer zusammengebauet, deren es hier 40 von sehr verschiedener Größe giebt. Diese zeichnen sich durch regelmäßige Anlage aus, bilden gemeiniglich ein Viereck, das von den gegenüber stehenden 2 oder 4 Seiten eingeschlossen wird. In der Mitte ist ein großer Platz, und auf diesem der Dingstein (ein runder, mit großen Steinen zum Sitzen umgebener Raum, der von einem in der Mitte stehenden Baume beschattet wird), der zur Versammlung der Dorfbewohner dient; ferner ist auch hier die gemeinschaftliche Viehtränke, der Soll genannt. Vor jedem Hause in diesem Raume sind die Dungstätten. Die Wohnhäuser bestehen aus Fachwerk, mit Ziegelsteinen ausgemauert, haben ziemlich hohe, mit Ziegeln bedeckte Dächer, und enthalten außer einer ungeheuern Vordiele, und einem eben so unverhältnißmäßig großen Saale (in der dortigen Kunstsprache De Döns genannt), einige wenige sehr enge niedrige Zimmer, von welchen eins, und nicht selten das kleinste, der ganzen Familie zum täglichen Aufenthalt dient, d. h. mit Inbegriff des Essens, Trinkens und Schlafens. Diese Zimmer werden im Winter mittelst blinder Oefen gewöhnlich mit Erbsen- oder Bohnenstroh erwärmt, ohne daß man nur irgend einmal ein Fenster öffnet, um frische Luft einzulassen. Gegen diese engen Wohnzimmer stechen die Vordiele und der große Saal sehr ab, welche doch im Grunde keinen andern Zweck haben, als bei Gelegenheit einer Schmauserei die Gäste darin zu bewirthen. Der Saal ist gewöhnlich mit bunter Mahlerei verziert, und mit großen hohen Schränken, Tischen von Marmor und einem runden Spiegel in künstlich geschnitzten Rahmen versehen, und oben herum an den Wänden sind auf eigens befestigten Rücken die blank gescheuerten zinnernen Gefäße aufgestellt. Außerdem befindet sich in einem solchen

Wohnhause noch ein Stübchen zur Aufnahme der Fremden, eine Speisekammer, Küche, Keller, ein Schlafgemach für das Gesinde, und gewöhnlich noch dicht neben der Hausthür ein Raum, wo der Backofen steht. Die Festigkeit der Bauart zeugt von ihrem hohen Alter; das Ausbessern der Gebäude liebt man hier nicht, man würde sich aber sehr irren, wenn man von dem schlechten Aussehen der Häuser auf die Armuth ihrer Bewohner schließen wollte. Neben einer jeden Wohnung liegt die Scheune mit ausgesacktem Fachwerk und mit Stroh gedeckt. In diesem Scheungebäude sind zugleich die Ställe für das Zug- und Hornvieh; die Tenne oder Dreschdiele ist bald in der Mitte, bald an einer Seite desselben angebracht. Das Bauen ist hier sehr kostspielig, und jeder hütet sich möglichst davor; der Preis des Bauholzes ist sehr hoch, und die übrigen Materialien, besonders Backsteine und Kalk, ebenfalls theuer.

Die Ackergeräthe.

Der Pflug im Fehmerlande ist wegen der gleichartigen Beschaffenheit des Bodens sich überall gleich, und wird bei seiner ziemlichen Schwere gewöhnlich von 6, im Frühjahre aber nicht selten von 8 Pferden in Bewegung gesetzt. Er hat zwei Räder von ungleichem Durchmesser, um die horizontale Richtung des Pflugeisens bei der Arbeit so wenig als möglich zu stören. Die Räder sind leicht mit Eisen beschlagen, das Pflughaupt an der Landseite ebenfalls zur Verminderung der Reibung; auch das Streichbrett ist unten an der Außenseite mit Eisen belegt. Bemerkenswerth ist der sogenannte Kaak, eine Art Gerüste, an welchem die beiden vordersten Pferde, durch deren Leitung der Pflüger den richtigen Gang des Pfluges hauptsächlich in seiner Gewalt hat, angespannt werden. Die Vorrichtung für die übrigen ist gewöhnlicher Art, auch die Stellung des Pfluges geschieht wie gewöhnlich.

Die Schwerfälligkeit dieses Werkzeuges fällt in die Augen, und die große Anzahl des Zugviehes, welche es erfordert, macht seine Arbeit sehr kostspielig, daher dürfte es den Fehmerländern sehr zu empfehlen seyn, die Anschaffung und Einführung eines zweckmäßigern Pfluges zu besorgen. Das Holzwerk an diesem Pfluge wird gewöhnlich von dem Meisterknecht verfertigt, so wie dies auch im übrigen Holstein der Fall ist; besser wäre es gewiß, wenn dieses geschickten Stellmachern übertragen würde, welche die einzelnen Theile nach richtigen Verhältnissen verfertigen könnten.

Die Egge ist hier theils mit eisernen, theils auch blos mit hölzernen Zähnen anzutreffen, und man bedient sich beider, je nachdem das Land vor oder nach der Besaamung damit bearbeitet werden soll. Die Egge mit hölzernen Zähnen wird von einem Pferde gezogen, sie besteht aus 4 Balken, deren jeder 4 Fuß 4 Zoll lang, 3 Zoll breit und $1\frac{1}{4}$ Zoll dick ist, und welche in einer Entfernung von 1 Fuß durch rechtwinklige Zwischenhölzer mit einander verbunden sind. Jeder Balken enthält 7 hölzerne Zähne, welche unterhalb 6—7 Zoll hervorstehen. Die mit eisernen Zinken versehene Egge besteht nur aus drei Balken von 5 Fuß Länge, 4 Zoll breit, und $2\frac{1}{2}$ Zoll dick, welche in einer Entfernung von 1 Fuß 7 Zoll mit einander verbunden sind. Jeder Baum hat 7 eiserne, gegen 2 Pfund schwere und 1 Fuß lange Zinken, welche 8 Zoll von einander entfernt stehen. Diese Egge wird mit 2 Pferden bespannt, entspricht aber den verschiedenen Zwecken dieses Instruments nicht vollkommen. Für den hiesigen Boden dürften einige Arten Gelenke-Eggen mehr zu empfehlen seyn.

Die Walze wird hier zu Lande ganz vernachlässigt, ihre Anwendung ist gänzlich unbekannt, ob es gleich einleuchtend ist, daß steinerne, 4 Fuß lange und 15 Zoll im Durchmesser haltende Cylinder, auf dem hiesigen Boden die ersprießlichsten Dienste leisten würden.

Der Ackerwagen ist fehlerhaft gebaut; die Entfernung beider Ochsen von einander beträgt 8 Fuß, zum Einfahren des Getreides wird er verlängert, und man bedient sich 22 bis 24füßiger Ernteleitern. Dagegen stehen die letzteren auf dem Wagenbrette sehr enge und kaum 6 Zoll von einander; die Räder sind niedrig, und nicht mit Eisen beschlagen, die Felgen sind 4 Zoll breit.

Die übrigen kleineren Geräthe, welche bei der hiesigen Landwirthschaft üblich sind, zeichnen sich durch keine Eigenthümlichkeiten aus, und sind die überall gewöhnlichen.

Die Viehzucht.

In der Regel halten die hiesigen Landwirthe mehr auf Pferde, als auf anderes Vieh, sie vernachlässigen daher ihre Hausthiere, oder wenden wenigstens nicht diejenige Sorgfalt darauf, die man auf dem festen Lande Schleswig-Holsteins gewohnt ist überall zu erblicken.

Das Rindvieh zeichnet sich weder durch körperliche Größe noch durch Schönheit aus. Jeder Eigenthümer hält nur so viel Kühe, als der wirthschaftliche Verbrauch von Milch und Butter nothwendig macht, und als er nothdürftig ernähren kann; um Veredlung bekümmert er sich nicht; die Fortpflanzung ist der Natur überlassen, und die baare Ausgabe für einen tüchtigen Zuchtstier anderer Raçe hält er für Verschwendung. Die gewöhnliche Farbe der Kühe ist hellroth, selten findet man welche von dunkler Farbe. Im Sommer werden die Kühe auf den Kleefeldern geweidet, und allgemein ist bis nach vollbrachter Ernte das sogenannte Tüddern des Weideviehes üblich. Die Thiere werden nämlich mit Seilen an eingeschlagenen Pfählen einzeln befestigt, und ihnen dadurch der Kreis angewiesen, den sie zur völligen Abgrasung benutzen sollen. Die Länge des Tüdderseils ist 16 Fuß, es ist in der Mitte mit seinen beiden Enden durch das sogenannte Mittelholz durchgelassen, welches aus einem Brettchen mit zwei Löchern besteht, vor welchem jedes Ende mit einem Knoten befestigt wird. Durch diese Vorrichtung wird das bei der Bewegung des Thiers sonst unvermeidliche Zusammendrehen des Seils verhindert. Nach Beschaffenheit der vorhandenen Kleeweide wird die Tüdderstelle der Kuh täglich mehr oder weniger verändert; man sieht hauptsächlich dabei darauf, daß der Klee gehörig scharf abgeweidet werde, damit nicht bei der künftigen Nachweide die übrig gebliebenen und verhärteten Stängel ungenutzt verloren gehen. So vortheilhaft diese Methode des Tüdderns hinsichtlich der sparsamen Benutzung der Weide ist, indem dabei weit weniger Pflanzen zertreten werden, und auch dem Klee dadurch die erforderliche Ruhe verschafft wird, sich von neuem zu erheben, so ist doch nicht zu leugnen, daß, wenn nicht ein reichlicher Kleewuchs vorhanden ist, der Hunger der Thiere zwar befriedigt, aber ihnen auch nicht die Auswahl der schmackhaftern und bessern Pflanzen, die auf einen reichern Milchertrag wirken, gestattet wird. Am nachtheiligsten wird das Tüddern in der heißen Jahreszeit, wo die Kühe, durch die Sonnenhitze und Fliegen geplagt, mit großer Unruhe am Seile herumspringen, den Tüdderpfahl endlich aus der Erde reißen, und damit fortlaufen. Das Aufsuchen derselben erfordert nicht nur Zeit und Mühe, sondern es ist auch ganz gewöhnlich, daß die Kühe in der heißen Zeit die Milch verlieren, und gar keinen

Nutzen geben. — Nach vollendeter Ernte hört das Tüddern auf, das Vieh weidet dann ungehindert auf den Stoppeln. Ende Octobers werden die Kühe des Abends eingetrieben, und des Morgens wieder auf die Weide gejagt, und so fährt man fort, bis Schnee fällt, wo sie alsdann völlig aufgestallt werden. Im Winter erhalten sie nun täglich drei Mal langes Strohfutter, und zwei Mal Häcksel von Weitzen- und Gerstenstroh, womit das Kehricht von der Scheune vermengt wird. Gegen die Zeit des Kalbens pflegt man auch nur zwei Mal Stroh- und drei Mal kurzes Futter zu geben.

Die mittelmäßige Beschaffenheit der Kühe und ihr kärglicher Unterhalt im Winter lassen schon auf ihre geringe Milchergiebigkeit schließen. Wirklich beträgt diese, der nahrhaften Kleeweide ungeachtet, in der besten Jahreszeit und nach dem Kalben in der Regel nicht über 5 Kannen täglich, und in der Folge immer weniger; nur von den besten und fetten Kühen erhält man in dieser Zeit 6 Kannen Milch: ein Ertrag, der kaum den dafür zu machenden Aufwand ersetzt, selbst wenn man den Dünger in Anschlag bringt. Die Milch wird in der Haushaltung und zur Butterbereitung verwendet, die Güte und Dauer der letztern ist sehr gering.

Die zur Fortzucht bestimmten Kälber werden nicht von den Müttern gesäugt, sondern mit frisch abgemolkener Milch einige Wochen getränkt, nachher erhalten sie abgerahmte Milch, so lange, bis man sie allmählig an die Weide gewöhnt hat. Die zum Mästen bestimmten Kälber werden in den ersten 14 Tagen eben so behandelt, dann aber mit abgerahmter und mit saurer Milch täglich drei Mal getränkt, zu welcher man noch eine Kanne süßer Milch zu gießen pflegt, so daß ein Kalb täglich etwa 10 bis 12 Kannen Milch erhält. Ein so behandeltes Kalb pflegt vom Mai bis zur Mitte Octobers ein Gewicht von 140 Pfunden zu erlangen, welches bei dermaligen niedrigen Fleischpreisen kaum die Mühe und Wartung, und selten einen Gewinn abwirft. Der hiesige Landwirth pflegt sich daher auch nicht leicht mit dem Mästen der Kälber zu befassen, und er zieht deren bloß so viel auf, als die Unterhaltung seines Viehstapels erfordert.

Sehr viele Kühe werden jährlich zum Hausbedarf geschlachtet, außer diesen aber wird auch noch eine beträchtliche Menge Jungvieh zum Schlachten aufgezogen. Nachdem letzteres einige Jahre auf der Gemeinweide gehalten worden, wird es noch zwei Sommer hindurch auf der Kleeweide gehalten, und im Winter mit etwas Korn gefuttert. Dessen ungeachtet wird doch noch viel Schlachtvieh aus Jütland nach Fehmern gebracht, welches jedoch von sehr vielen für überflüssig erkannt wird.

Schaafe werden nach Verhältniß nur wenige gehalten. Bei den meisten Dörfern findet man noch einen Theil der Gemeinweide für diese Thiere bestimmt, und jeder Wirth ist befugt, nach dem Verhältniß seines Feldes eine gewisse Anzahl davon zu halten. Diese werden nun gemeinschaftlich von einem Hirten geweidet, der außer einem Jahreslohn von 7 Rthlrn. nach der Reihe von den Eigenthümern gespeist wird. Die Schaafe werden jeden Abend eingetrieben, und in Ställen eingesperrt, das Hürden und Pferchen ist nicht üblich. Im Winter sind diese Thiere meistens nur auf den Genuß des Erbsenstrohes angewiesen, und nur die Mutterschaafe erhalten in der Lammzeit etwas kräftigere Nahrung. Diese kärgliche Winternahrung, verbunden mit der nicht ungewöhnlichen feuchten Beschaffenheit der Weidegründe, müssen als die Ursache der großen Sterblichkeit unter diesen Thieren angesehen werden. Das nachtheilige Melken der Schaafe ist hier nicht gewöhnlich, und würde ihnen bei der magern Kost und Weide auch noch verderblicher seyn. Die Schaafschur geschieht jährlich zwei Mal, nämlich in der Mitte des Mai und Ende Octobers; die Schaafwäsche geschieht im Frühjahre in Kübeln, die mit Wasser angefüllt werden, im Herbste aber schwemmt man sie in der See. Der gewöhnliche Preis der Herbstwolle ist pro Pfund 12 Schilling (6 gGr.), die mehr verunreinigte Frühlingswolle wird aber um 2 Schilling geringer bezahlt; man kann daraus schließen, wie wenig bisher für die Veredelung dieser Thiere geschehen seyn mag.

Schweine pflegt jeder Wirth so viel aufzuziehen, als er für seinen Haushalt bedarf. Die Ferkel aus der Fastenzeit werden mit dem Abfall der Molkerei und mit Korn bis nach vollbrachter Ernte ernährt. Um diese Zeit werden sie zur Mastung aufgestellt, und man rechnet gewöhnlich auf ein Mastschwein drei Tonnen Erbsen, welche ungeschrotet gefuttert werden.

Gänse werden in geringer Menge aufgezogen, aus Mangel an Gemeinweide, man kauft sich diesen Bedarf gewöhnlich im Herbste von den Holsteinern, und mästet sie mit Hafer, wovon eine Vierteltonne pro Stück gerechnet wird. Eine so gemästete Gans wiegt 12—14 Pfund, und kostet dann 1½ Mark oder 12 gGr.

Enten werden in beträchtlicher Menge aufgezogen.

Tauben hält jeder Besitzer nach dem Umfang seiner Ländereien, eigentlich so viel ihm beliebt, und so weit es die seit einigen Jahren überhand genommenen Hausmarder erlauben.

Hofhühner und Kalekutten werden ebenfalls aufgezogen, ihre Sicherung gegen die Hausmarder erschwert aber den Hausmüttern dieses Geschäft. Man sichert sie gegen diese

Räuber durch runde Strohkörbe, die man an den Wänden des Hausflurs aufhängt, in welchen sie die Nächte schwebend zubringen.

Der Bienenzucht wird hier sehr wenig Sorgfalt gewidmet, obgleich der hier gewonnene Honig von vorzüglicher Beschaffenheit ist.

Anspannung.

Fehmern scheint sich vorzüglich zur Anspannung mit Ochsen zu eignen. Die Unerheblichkeit der dortigen Pferdezucht, die geringe Größe der Landgüter und andere Umstände sprechen für ihre Einführung, aber bis jetzt hat noch niemand daran gedacht, und der hiesige Landwirth bleibt einzig bei der Anspannung mit Pferden. Nach einer mittlern Berechnung wird hier auf 3 Drömbtsaat Land (10 Berl. Scheffel Aussaat) ein Pferd gehalten; selbst bei Wirthschaften mittler Größe findet man deren gewöhnlich acht, und bei manchen gar 12—16 Pferde. Der städtische Landwirth ist etwas sparsamer hierin, und rechnet auf 4 Drömbtsaat 1 Pferd. Die wenigsten hiesigen Pferde sind von einheimischer Zucht, die meisten werden aus Fühnen und Jütland eingeführt. Diese Thiere sind hier einer großen Sterblichkeit unterworfen, theils weil man beim Einkauf auf das Alter und die Dauer derselben nicht die gehörige Rücksicht nimmt, indem man gern wohlfeil einkaufen will, theils auch, weil man nicht die gehörige Sorgfalt auf ihre Verpflegung wendet. Diese Thiere erhalten nämlich den Winter hindurch fast nichts als geschnittenes oder ungeschnittenes Erbsenstroh und andern Strohhäcksel. Im Frühling während der Saatzeit (Lent genannt), welche am 8ten April bis zu Ende des Mai dauert, wird ihnen besseres Futter gereicht, welches aus Erbsen, Gerste oder Hafer, oder aus einem Gemisch davon besteht, und das Lentfutter genannt wird. Während dieser sieben Wochen füttert ein Landwirth seinen 8 Pferden etwa 28 Tonnen (70 Berl. Scheffel), fordert aber auch viele und schwere Arbeiten von ihnen, und häufig fallen dabei mehrere um; dieses Umfallen ist aber nicht bloß auf Rechnung der anstrengenden Arbeit zu schreiben, (denn auch im Winter zeigt sich diese Sterblichkeit, und zwar oft noch im höhern Grade), sondern mehr noch auf die ungesunde Futterung des oft bei feuchter Witterung eingebrachten Erbsenstrohes, welches gewöhnlich schimmelig geworden ist. Eben so nachtheilig ist den Pferden das im Winter bewerkstelligte Häckselschneiden für die Saatzeit, um so mehr, da dieser Häckselvorrath an dumpfen feuchten Orten aufbewahrt zu werden pflegt, und hernach Verstopfungen und andere Krankheiten erzeugt.

Wenn man, wie oben bemerkt worden, auf 8 Pferde 28 Tonnen von Erbsen, Gerste und Hafer für die Bestellzeit verfuttert, und die Tonne im Durchschnitt zu 4 Mark berechnet, so beträgt dies 112 Mark. Rechnet man auf jedes Pferd als Winterfutter 1 Fuder ungedroschener Erbsen zu Häcksel, welches mit dem zugleich verfutterten Weißstroh auf 24 Mark anzuschlagen ist, so beträgt dies auf 8 Pferde 192 Mark. Zur Sommerweide für 8 Pferde werden 4 Drömbtsaat Kleeweide erfordert, thut 240 Mark. Gesammte Unterhaltungskosten der 8 Pferde dürften demnach wenigstens 544 Mark oder 181 Rthlr. betragen.

Die Arbeitspferde werden gewöhnlich gar nicht, oder höchstens nur an den Vorderfüßen beschlagen, welches darin seinen Grund hat, daß die Wege nicht steinig sind.

Dünger.

Außer dem Mergel schränkt man sich auf den Stalldünger ein, den man so viel als möglich durch Teichschlamm und

Straßenkoth vermehrt. Der meistens aus der Viehtränke gezogene Teichschlamm besteht aus einer mergelartigen Erde, und besitzt, wenn er eine Zeitlang der Luft ausgesetzt wird, eine ungemein fruchtbar machende Kraft, auch wird er deshalb begierig aufgesucht und benutzt. Die Miststätten für den Stalldünger bestehen aus einer Vertiefung von einigen Ellen, und sind an ihrer schmalen Seite zum Ein- und Abfahren eingerichtet, an der hintern Seite aber mit Steinen ausgesetzt. Für die Aufbewahrung und Benutzung der Mistjauche wird wenig gesorgt, man läßt sie ungenutzt abfließen. Der hiesige Landwirth läßt den Mist 7—8 Monate liegen, und fährt ihn dann im Juli auf's Feld.

Zubereitung des Bodens zum Kornbau, Säen u. s. w.

Daß der Fehmernsche Landwirth den Werth einer sorgfältigen Bearbeitung des Bodens nicht verkennt, beweist er durch die Unverdrossenheit, womit er seinen Acker u. s. w. pflügt, und besonders die Braache behandelt. Nachdem dieselben gegen Martini aufgebrochen, und dadurch der Winterfeuchtigkeit, so wie besonders auch der Einwirkung des Frostes geöffnet sind, so wird im Frühjahr, gleich nach Beendigung der Gerstensaat, alsdann wieder gegen Pfingsten, und hernach um Johannis gepflügt, und das Land mit hölzernen Eggen nach jedem Pflügen überzogen. In der Mitte des Juli wird der darauf gebrachte Dünger sogleich flach untergepflügt, zu Martini eine etwas tiefere Furche heraufgeholt, um den Dünger besser mit Erde zu bedecken, und endlich im folgenden Frühjahre zum siebenten und letzten Male zur Gerstensaat gepflügt und bestellt, denn Gerste ist die Hauptfrucht.

Hinsichtlich des Säens hat man den Grundsatz angenommen, daß diese Arbeit nicht leicht zu früh, wohl aber zu spät vorgenommen werden könne. So wird dann der Weitzen schon zu Michaelis, die Erbsen im März und die Gerste in der letzten Hälfte des Aprils bestellt, obgleich die Witterung auch hierbei mehre Ausnahmen von dieser Regel nothwendig macht. — Die in andern Ländern herrschende Gewohnheit, mit dem Saamen zu wechseln, und besonders denselben aus einer minder fruchtbaren Gegend einzutauschen, findet man hier nicht; der hiesige Landwirth hat das meiste Vertrauen zu seinem selbst gewonnenen Saatkorn, und es fällt ihm nicht ein, aus einem andern Kirchspiele etwas einzutauschen. Man pflegt hier dicker zu säen, als es bei der vorzüglichen Güte des Bodens und dem auf seine Cultur verwendeten Fleiße nöthig zu seyn scheint.

Die hiesigen Landwirthe theilen ihr Feld gewöhnlich in 6 Schläge, sie bestellen ihr gedüngtes Braachfeld mit Gerste, lassen auf diese Erbsen und dann Weitzen folgen, worauf das Land entweder auf 2 Jahre zur Weide, oder wie es hier heißt, zu Dreesch niedergelegt, oder auf der Hälfte des Schlages die vorige Ordnung sogleich wiederholt wird. Etwas ungewöhnliches ist es allerdings, die Gerste in die gedüngte Braache, und den Weitzen dann erst nach den Erbsen zu säen, man glaubt hier aber die Nützlichkeit dieses Verfahrens durch die Erfahrung bestätigt gefunden zu haben, und läßt sich nicht davon abbringen.

Gerste und Weitzen sind, wie aus dem Vorstehenden erhellt, die beiden Haupt-Getreidearten, die in Fehmern gebauet werden; Rocken bauet man nur im Verhältniß zur eigenen Konsumtion, und Haferbau wird im Allgemeinen noch sparsamer betrieben, weil sich der hiesige Landwirth nicht gern entschließen kann, dieser aussaugenden Frucht einen Platz zu gönnen, und lieber seinen Pferden dies ihnen so angemessene Futter entzieht. Statt dessen bauet man lieber Erbsen, nicht sowohl um des reichlichen Ertrags, als vielmehr, weil sie eine herrliche Vorbereitungsfrucht für den nachfolgenden Weitzen sind. Zuweilen säet man Bohnen statt der Erbsen, welches besonders auf feuchten und nicht gehörig entwässerten Feldern sehr zweckmäßig zu seyn scheint, ob man sie gleich als Vorfrucht für den Weitzen den Erbsen nachsetzt, und sie deshalb seltener bauet. Desto häufiger und allgemeiner wird hier der Kleebau betrieben; man säet den Saamen unter die letzte Saat, mit welcher das Land zur Weide niedergelegt wird. Wir wollen über den Anbau jeder Frucht hier noch besonders reden.

Die hier ganz allgemein angebauete Gerstenart ist die vierzeilige (Hordeum vulgare), welche, weil sie in einer gedüngten und wohl zubereiteten Braache gebauet wird, den Vorzug eines feinen, mehlreichen Korns, und einer hellgelben, sehr dünnen Schaale hat, und wegen dieser Eigenschaften besonders von den Grütz- und Graupenmüllern sehr geschätzt und gesucht wird. Mit der unstreitig bessern zweizeiligen Sommergerste oder großen Gerste (Hord. distichon) will man zwar auch Versuche gemacht haben, aber ohne sonderlichen Erfolg, und man versicherte, daß diese eine blaue Grütze gebe, und deshalb jener nachstehe. Auch die Wintergerste (Hord. hekastichon) ist von einigen Landwirthen hier versucht, aber wieder aufgegeben worden, weil man gefunden hatte, daß sie den Boden mehr entkräfte als Sommergerste, und weil die Grütze davon, wie man behauptet, längere Zeit zum Garkochen erfordere, als die gewöhnliche Art, ob man gleich einräumte, daß sie auch mehr aufquelle. Die Bearbeitung des Bodens zur Gerste ist schon früher bei der Braache bemerkt. Man säet sie in der letzten Hälfte des Aprils, größtentheils aber erst im Mai; das Unterpflügen des Saamens ist nicht gewöhnlich, man egget ihn bloß mit hölzernen Eggen ein, und zwar nach Beschaffenheit des Landes, entweder nach der Länge oder in der Runde. Drei oder vier Tage nach der Bestellung, wenn der Saame Wurzel geschlagen, wird das Land mit der eisernen Egge wieder aufgeeggt, zuerst einmal im Kreise herum, dann einmal auf und nieder, und zuletzt zur Abebnung nochmals in der Runde. Durch dieses in der Natur der Sache gegründete Verfahren sucht man mittelst Zerreißung der Wurzelfasern eine Vermehrung der Pflanzen und Halme zu bewirken. Nimmt man nach diesem Aufeggen noch Unkraut wahr, so wird der Acker noch ein oder zwei Mal mit der eisernen Egge überzogen. Das Ausstechen der Disteln geschieht gewöhnlich im Juni.

Im Durchschnitte läßt sich annehmen, daß die Gerste hier einen vierzehnfältigen Ertrag giebt, in außerordentlich fruchtbaren Jahren steigt derselbe auch wohl auf 20 und darüber. Die vorher gebauete Wintergerste soll einen 24fältigen Ertrag gegeben haben.

Von Erbsen bauet man hier gewöhnlich die kleine graue Art, und zwar eine früher und eine später reifende Sorte. Man säet sie im Februar, gewöhnlicher aber erst im März und April, unmittelbar in die umgebrochene Gerstenstoppel, wobei man nicht immer auf die gehörige Abtrocknung des Landes Rücksicht nimmt. Das Unterpflügen ist hier nicht gewöhnlich, obgleich diese Frucht es sehr gut verträgt. Im Juni werden die häufig aufschießenden Disteln mittelst kleiner Stecheisen ausgestochen, der oft noch häufigere Wildhafer aber mit der Hand ausgezogen. Nichts destoweniger wird die Saat oft vom Unkraut erstickt, besonders von ihrem dortigen Erbfeinde, der Hundschamille (Anthemis arvensis), dort gemeiniglich Hundeblume genannt. — Der Ertrag der Erbsen

sen läßt sich im Allgemeinen nur sechsfach annehmen, und er bleibt oft hinter demselben zurück.

Wicken sind in Fehmern keinesweges unbekannt, sie werden hier ebenfalls als ein sehr nahrhaftes und den Pferden angenehmes Futter angebauet.

Bohnen werden, wie schon oben bemerkt wurde, statt der Erbsen, besonders auf feuchten Feldern angesäet, und geben nicht selten einen bessern Ertrag als diese. Die Pferdebohnen werden übrigens eben so wie die Erbsen behandelt.

Der Anbau des Weißkohls ist nur einzeln hier versucht worden, obgleich der hiesige Boden sein Gedeihen sehr zu begünstigen scheint.

Der sogenannte Winterweitzen (Trit. hybernum) mit Grannen, bald von weißer, bald von brauner oder röthlicher Farbe, so daß beide Abarten gewöhnlich mit einander vermischt sind, wird hier vorzugsweise gebauet. Oft ist derselbe mit Trit. turgidum, einer Abart von englischem Weitzen vermengt, dessen Kelche sehr bauchig, und mit vielen kleinen Härchen, gleich einer feinen Wolle, überzogen sind. Einige Landwirthe haben unter der allgemeinen Benennung des englischen Weitzens eine neue Art angebauet, deren Aehren kegelförmig, lang, und röthlich von Farbe sind. Die behaarten oder wolligten Kelche und die Länge der Grannen, welche letztere nach der völligen Reife des Korns abfallen, unterscheiden ihn von den übrigen Arten. Seine Körner sind braun, sehr hart, und geben ein Mehl, das sehr viel Wasser annimmt, folglich mehr Brot giebt, und deshalb von den Bäckern sehr geschätzt wird. — Die Zubereitung des Landes zu dieser Frucht ist mit wenig Arbeit verknüpft; die gewöhnlich sehr trockenen Erbsenstoppeln werden sogleich nach den weggeräumten Erbsen umgepflügt, und dann zu Michaelis oder gleich hernach mit Weitzen besäet, ohne dem Acker eine neue Pflugart zu geben. Um den Weitzenbrand zu verhüten wird der Saame mit Kalk überstreut, und mit Urin übergossen. Seitdem man aber gefunden haben will, daß der Urin nachtheilig auf den Saamen wirke, und in manchen Fällen sogar das Aufgehen desselben verhindere, so bedienen sich jetzt die meisten Landwirthe statt dessen des Kochsalzes und Wassers. Der auf diese Art mit Kalk, Salz und Wasser fleißig durchgearbeitete Weitzen wird dann, wenn er einige Stunden in Haufen gelegen hat, sogleich eingesäet. Bei diesem Verfahren hat der Weitzenbrand nur selten beträchtlichen Schaden gethan. Mit vor- oder überjährigem Weitzen zur Saat scheint man hier noch keine Versuche gemacht zu haben. Der gesäete Weitzen wird nun mittelst der eisernen Egge, welche zwei Mal auf und nieder, und dann noch einmal queer über gezogen wird, in die Erde gebracht. Im Frühjahre, sobald es die Witterung gestattet, gewöhnlich im Mai, wird das Weitzenfeld mit der hölzernen Egge überfahren, um die Erdkruste aufzubrechen; vierzehn Tage später aber wird es zweimal mit der eisernen Egge überzogen, welches hier Booten genannt wird, und man hält diese Behandlung mit Recht für ein wirksames Beförderungsmittel des freudigen Wachsthums, wie dies bereits oben bei der Gerstensaat angeführt ist. Im Juni werden die Disteln ausgestochen. In gewöhnlichen Jahren rechnet man den Ertrag zehnfältig, in bessern aber 12—16—20fältig.

Nach dieser so eben beschriebenen dreijährigen Benutzung des Landes zu Getreide und Hülsenfrüchten wird das Land entweder ganz zur Weide niedergelegt, und zu diesem Behuf Kleesaamen in den Weitzen ausgestreuet, oder es bleibt nur ein Theil der Weitzenstoppel als Weideland liegen, wogegen der andere Theil sogleich nach der Aberntung aufgebrochen, gedüngt, und nach fünfmaligem Pflügen im folgenden Frühjahre wieder mit Gerste besäet wird. Der Ertrag dieser sogenannten Stoppelgerste ist gewöhnlich weit geringer, als der von der Braachgerste, woran hauptsächlich die große Menge Unkraut, besonders des wilden Rübsaamens (Brassica napus.) Schuld seyn mag, dessen Aufschießen durch das öfters wiederholte Pflügen befördert zu werden scheint. Durch dieses wird nämlich dieser Saame an die Oberfläche gebracht, und leicht mit Erde bedeckt der Einwirkung der Luft ausgesetzt, ohne daß er doch Zeit gewinnen kann aufzulaufen, und sich dadurch selbst zu zerstören, worauf er aber dann mit der Gerste selbst hervorbricht, und diese unterdrückt. Aus dem gewöhnlichen Mißrathen der Stoppelgerste läßt sich nun auch auf die mindere Ergiebigkeit der darauf folgenden Erbsensaat schließen, und der hierauf folgende Weitzen kann dann eben so wenig gedeihen, da die vorhergegangenen Erndten mit Beihülfe des Unkrauts den Boden sehr ausgesogen haben.

Bei dem in vieler Hinsicht weit vortheilhaftern sechsjährigen Ackerumsatz wird das Land, nach dreijähriger Bestellung, zwei Jahre lang zur Weide benutzt, und zu diesem Behuf Kleesaamen unter den Weitzen gesäet. Noch vor 90 bis 100 Jahren wurde in Fehmern wenig Bedacht auf hinreichenden Unterhalt der Hausthiere genommen, man überließ diese Sorge bloß der Natur, und glaubte alles gethan zu haben, wenn man den Acker, durch drei abgetragene Erndten erschöpft, zur Weide niederlegte. Daß letztere sehr schlecht war, läßt sich berechnen, der Viehstand wurde nicht nur dadurch beschränkt, und der Molkenertrag vermindert, sondern es wurde dadurch auch eine beträchtliche Zufuhr von Schlachtvieh, gesalzenen Schaaffleisches und getrockneter Fische aus andern

Ländern nothwendig gemacht, wodurch eine große Summe Geldes aus dem Lande ging. Endlich half in der vorbemerkten Zeit der Bürgermeister der hiesigen Stadt Burg, Namens Mildenstein, durch die Einführung des Kleebaues und die zweckmäßige Verbindung desselben mit dem Kornbau, diesen Nachtheilen ab, und erwarb sich dadurch ein großes Verdienst um seine Mitbürger. Er ließ den ersten Kleesaamen aus Holland kommen, und soll das Pfund davon mit einem Dukaten bezahlt haben. Der erste Versuch schlug ihm zwar gänzlich fehl, und er wurde verspottet und verlacht, jedoch ließ er sich nicht irre machen, er ließ neuen Saamen kommen, und seine Ausdauer blieb nicht unvergolten; er hatte die Freude, recht bald und viele Nachahmer zu finden, bis es endlich allgemein in Gebrauch kam, das Land nach der Weitzensaat mit Klee in der sogenannten Dreesch niederzulegen. Der Anbau des Kleesaamens wurde seitdem ein bedeutender Handelszweig der Insel.

Am häufigsten wird der rothe Wiesenklee (Trifol. pratense), insgemein auch spanischer, holländischer, auch türkischer Klee genannt, hier angebauet, und er scheint wegen seines reichlichen Ertrags und wegen seiner günstigen Wirkungen auf das Land am angemessensten zu seyn. Stellenweise kultivirt man aber auch den weißen Klee (Trifol. repens.), welcher besonders wegen seines süßen, dem Viehe angenehmen Geschmacks sehr zu schätzen ist; er steht dagegen, wegen seines niedrigen Wuchses, und weil er nach dem Abweiden nicht stark wieder nachwächst, und sehr bald darnach in Blüthe tritt, welche von dem Vieh verschmähet wird, jener Art sehr nach. Die Weitzensaat wird, wie oben bemerkt worden, in der Mitte des Mai oder etwas später mit der hölzernen Egge aufgelockert, und 8—14 Tage der Klee darüber gesäet, und durch nochmaliges doppeltes Ueberziehen mit der hölzernen Egge untergebracht. Soll der Weitzen hernach noch, nach der oben beschriebenen Art, gebotet oder mit einer eisernen Egge scharf geeggt werden, so wird ein Fünftel Kleesaamen mehr als gewöhnlich genommen. Auf 36 Q.-Ruthen Landes rechnet man $2\frac{1}{2}$ bis 3 Pfund Saamen. Ist der Weitzen abgeerntet, so wird das Vieh losgeschlagen, d. h. ohne Rücksicht auf das verschiedene Besitzthum über das ganze Stoppel- und Weidefeld getrieben. Dadurch wird der junge Klee, besonders bei feuchter Witterung, oft sehr gefährdet, und sein Gedeihen verhindert. Im folgenden Jahre wird der Klee, wenn er in volle Blüthe getreten ist, gemähet und zu Heu gemacht. Dies letztere geschieht gerade so wie bei uns das Heuen des Grases, und es kann daher nicht fehlen, daß das Kleeheu durch das öftere Rühren und Wenden, besonders bei ungünstiger Witterung, seiner nahrhaftesten und schmackhaftesten Theile, der Blätter, beraubt wird. Ein früheres Mähen beim Eintritt der Blüthe, und eine zweckmäßigere Behandlung beim Trocknen, dürften daher den hiesigen Landwirthen zu empfehlen seyn. Auf eine Dröмbtsaat Landes rechnet man im Durchschnitt drei Fuder Kleeheu.

Der durch einmaliges Heuen benutzte Kleeacker wird nun zur Weide für Pferde und Hornvieh, mittelst des früher beschriebenen Tüdderns, verwendet. Diese Art zu weiden, welche unfehlbar aus dem Mangel der Einhägungen herzuleiten ist, gewährt den Vortheil, daß die Kleeweide haushälterischer benutzt, durch den öftern Auftritt der Thiere nicht verdorben, und den abgenagten Kleepflanzen die erforderliche Zeit und Ruhe zum Nachwachsen gegönnt wird.

Die Benutzung der Kleeweide auf ein Jahr wird gewöhnlich nach der Scheffelsaat bedungen, wobei sowohl auf das Alter der Weide, als auch auf ihre nähere oder entferntere Lage Rücksicht genommen wird; 36 Q.-Ruthen oder eine Scheffelsaat Kleeweide im ersten Jahre nach der Aussaat wird in der Nähe der Stadt Burg mit 2 Rthlr. und auf dem Lande mit 1 Rthlr. 8 gGr. bezahlt. Auf ein Pferd rechnet man gewöhnlich 4, und auf eine Kuh 3 Scheffelsaat.

Um Kleesaamen zu gewinnen, läßt man den Kleewuchs des ersten Jahres im Frühsommer einmal abweiden, und ihn dann zum Saamengewinn nachwachsen. Das Ausdreschen des Saamens wird bis zum Spätherbst und Winter verschoben, wo man heiteres Frostwetter dazu wählt. Die Reinigung des Kleesaamens von der Spreu geschieht mittelst hölzerner Siebe, die auf 2 Stäben hin und her geführt werden, wobei dann der Luftzug auf die Entfernung der Spreu wirken muß. Dieses Sieben wird so lange wiederholt, bis der Zweck desselben erreicht ist. Bei einer großen Ergiebigkeit läßt man auch einen Theil des Saamens ein Jahr über in der Spreu liegen. Von einigen Landwirthen wird die Erzielung des Kleesaamens als Hauptsache betrieben, und er giebt einen bedeutenden Handelszweig ab, oft aber leidet auch der Viehstand darunter, weil holzige saftlose Stängel des Saamenklees ein schlechtes Winterfutter abgeben. Nach Verschiedenheit des Ertrags wird der Kleesaame mit 2—3 gGr. bezahlt.

Obgleich der Rocken das Haupt=Nahrungsmittel der hiesigen Einwohner ist, so wird der Anbau desselben doch nicht in der Art betrieben, daß man ihm eine eigene Stelle in den Saatumlauf einräumt. Wirklich ist auch der hiesige Boden zum Anbau dieser Frucht weniger passend, als zu den bereits erwähnten Fruchtarten. Einige Gegenden dieser Insel eignen sich vorzüglich für den Rockenbau, namentlich die Feldmark des Dorfes Wulffen, welche bei ihrer sandigen Beschaffenheit Rocken trägt, der wegen seiner vorzüglichen Güte sehr geschätzt und gesucht wird. Hier wird nach der Braache zwei Mal hintereinander Rocken gebauet, und er giebt jedes Mal einen zehnfachen Ertrag; auf diesen zweimaligen Rocken folgt dann, nach langjähriger Gewohnheit, Hafer, und dann wird das Land zwei Jahre lang zur Weide genutzt. — Im Allgemeinen baut jeder Landwirth nur so viel Rocken, als er in seiner Haushaltung bedarf, und zwar aus seinen gedüngten Braachäckern; um aber dem so hoch gehaltenen Gerstenbau so wenig als möglich Land zu entziehen, beschränkt er den Rockenbau öfters, und daher rührt es denn, daß diese Frucht auf dieser Insel gleichen Preis mit dem Weitzen zu haben pflegt. Das mittlere Gewicht einer Tonne Rockens ist 224 Pfund, eine Schwere, die mehr auf die treffliche Behandlung der Braache, als auf die Güte des Bodens zu schreiben ist.

Den Hafer betreffend, so wird derselbe nur in geringer Menge gebauet. Der Regel nach werden die Ackerfelder nur wenig, dagegen aber die bisher meistens auf 6 Jahre verpachteten Weidegründe mit Hafer bestellt, dessen Anbau auf der Insel überhaupt nicht stark betrieben wird. Man bauet hier den glatten weißen Hafer, der im April gesäet wird, und nach der Behauptung der Einwohner einen reichlichern Ertrag giebt, als man bei der wenig schonenden Behandlung der Weidegründe, und der mehrere Jahre hindurch auf einander folgenden Hafersaat erwarten sollte.

Die Erntezeit hängt ganz natürlich von dem erforderlichen Grade der Reife des Getreides ab. Als allgemein gültige Regel nimmt man hier an, daß die Kornernte um so viele Tage nach Jacobi (25sten Juli) ihren Anfang nehme, als der Kirschbaum nach Maitag zu blühen angefangen hat. Gewöhnlich tritt daher die Ernte im Anfange des Augusts ein, so daß sie unmittelbar auf die Heuernte folgt. Zur völligen Beendigung sind 3 Wochen erforderlich, wovon bei der geschwinden Abtrocknung durch die dort herrschenden See=

winde eine etwa ungünstige Beschaffenheit der Witterung nicht leicht eine Ausnahme macht. Man sucht die Ernte so früh als nur möglich zu beseitigen, um der in Lohn genommenen fremden Arbeitsleute wieder los zu werden, welche, wie schon früher bemerkt ist aus dem benachbarten Holstein zur Erntezeit haufenweise einwandern. Schon vor Sonnenaufgang fängt die Arbeit an, und endigt sich erst einige Stunden nach Untergang derselben; die Speisung wird den Arbeitern auf das Feld getragen, und nur die Abendmahlzeit halten sie zu Hause. Alles Getreide ohne Ausnahme wird hier gemähet, der Gebrauch der Sichel ist ganz unbekannt. Dem Mäher folgt der Abraffer, das Abraffen geschieht mit der Harke, diesem folgt der Binder, und dann der sogenannte Hocker, der die Garben auf der Länge des Ackerstücks gegen einander aufstellt. Der Erntewagen ist gewöhnlich mit 4 Pferden bespannt, auf zwei Gespann Pferde hat man drei Wagen, von welchen einer auf dem Acker zum Beladen zurückbleibt, der zweite beladen nach der Scheune fährt, und daselbst abgeladen wird, der dritte aber leer auf's Feld zurückkehrt. Es wird dadurch viel an Zeit gewonnen. — Kleinere Landwirthe verdingen auch wohl die Erntearbeit nach Drömbtsaaten für baares Geld, gewöhnlich werden 7 bis 8 Mark für das Drömbtsaat bezahlt.

Das Dreschen nimmt sogleich nach Beendigung der Ernte seinen Anfang, theils weil es durch die fremden Arbeiter geschieht, und theils weil auch der Landwirth darauf bedacht ist, sein Getreide baldigst auf dem Boden zu haben, um es noch vor der Hemmung der Schifffahrt in den auswärtigen Handel zu bringen, weil er gewöhnlich um diese Zeit Geld braucht. Das Dreschen wird nach der Tonnenzahl bedungen, und dann hiernach mit baarem Gelde bezahlt. Die Reinigung des Getreides geschieht wie gewöhnlich durch Worfeln und Sieben; das zur Saat bestimmte Korn wird doppelt geworfelt, dann in einer Mulde geschwungen, und zuletzt gesiebt.

Da der Ackerbau der Haupt-Nahrungszweig der Insel-Bewohner ist, selbst mit Inbegriff der Stadt-Bewohner, so kann der Absatz des Getreides nur ins Ausland betrieben werden. In der Regel verkaufen die meisten ihre Früchte, so wie sie ausgedroschen sind, wodurch sie freilich dem Eintrocknen derselben und dem Mäusefraß entgehen, aber auch den Vortheil steigender Preise entbehren müssen.

Wiesen.

Die Insel Fehmern ist nur sparsam mit Wiesen versehen, nur einige Dörfer längs der nördlichen Küste sind in dem Besitze dieser Wiesengründe, die wegen ihrer niedrigen Lage im Winter gewöhnlich mit Seewasser überschwemmt sind, als wodurch denn ihr Ertrag gesichert ist. Ein Theil dieser Wiesen besteht aus kleinen Inseln, die nahe an einander liegen. Das Gras derselben ist fein, ziemlich kurz und trocken, und ob es gleich von den Kühen gern gefressen wird, so giebt es ihnen doch keine sonderliche Nahrung Die geringe Güte des Heues wird noch durch die sorglose Behandlung desselben vermindert; man läßt es ungerührt in den Schwaden liegen, bis es abgetrocknet ist, und in Haufen gesetzt werden kann; in diesen bleibt es etwa 6 Tage stehen, und wird dann nach Hause gefahren. Nicht viel mehr Sorgfalt wird auf die übrigen zwischen Aeckern und Weidegründen belegenen Wiesen verwendet, an Bewässerung und anderen Verbesserungen denkt Niemand.

Gemüsegärten und Obstgärten auf der Insel Fehmern verdienen als solche fast gar keiner Erwähnung, denn beide sind der gänzlichen Verwahrlosung Preis gegeben, und selbst wohlhabende Gutsbesitzer scheinen keinen Gefallen daran zu haben.

Preis der Grundstücke und Vermögenszustand.

Bei der vorzüglichen Güte des Bodens auf Fehmern und dem durch gute Kultur ziemlich hoch gebrachten Ertrage desselben, ist doch der Ackerpreis nicht viel höher, als in andern Gegenden Schleswig-Holsteins. Das Drömbtsaat Land gilt nach Verschiedenheit seiner Güte 400 bis 700 Mark, zuweilen auch mehr. Der Vermögenszustand unter den Einwohnern kann nur als mittelmäßig angenommen werden; bei ihrem Hange zur Sparsamkeit und zum Gelderwerb, und bei ihrer Enthaltung vom Luxus, kann man jedoch annehmen, daß die meisten Einwohner in gewisser Art wohlhabend sind, und ihr Erbe oder Besitzthum schuldenfrei haben. Die zweite und ärmere Classe ist ebenfalls sehr zahlreich, sie nährt sich, da sie kein Eigenthum besitzt, bloß von der Arbeit ihrer Hände.

Kolibri 360 GmbH
Ferdinand-Jühlke-Straße 7
99095 Erfurt, Deutschland
produktsicherheit@kolibri360.de